站在偉人的肩上看世界

聽20位
數學家
說故事

站在偉人的肩上看世界
聽20位數學家說故事
2017年10月 1 日初版第一刷發行
2021年 9 月15日初版第五刷發行

作　者	高隨有
繪　者	金俊永
譯　者	馬毓玲
編　輯	曾羽辰
美術編輯	黃郁琇
發行人	南部裕
發行所	台灣東販股份有限公司
	＜地址＞台北市南京東路4段130號2F-1
	＜電話＞(02)2577-8878
	＜傳真＞(02)2577-8896
	＜網址＞http://www.tohan.com.tw
郵撥帳號	1405049-4
法律顧問	蕭雄淋律師
總經銷	聯合發行股份有限公司
	＜電話＞(02)2917-8022

TOHAN

國家圖書館出版品預行編目資料

站在偉人的肩上看世界 聽20位數學家說
故事 / 高隨有著；金俊永繪；馬毓玲譯.
-- 初版. -- 臺北市：臺灣東販, 2017.10
208面；18.5×23.5公分
ISBN 978-986-475-466-3(平裝)

1.數學 2.傳記

310.99　　　　　　　　　106015420

세상을 바꾼 수학자 20인의 특별한 편지
BY GO SOO YOO
Copyright 2016 © by GO SOO YOO
All rights reserved.
Complex Chinese copyright © 2017
by Taiwan Tohan Co., Ltd
Complex Chinese language edition arranged with
Giant Book through 連亞國際文化傳播公司
(yeona1230@naver.com)

偉大發明的起源，改變世界的關鍵！

站在偉人的肩上看世界

聽20位
數學家
說故事

高隨有 /著　金俊永 /繪

馬毓玲 /譯

前言

有許多人對世界懷抱著夢想，而且每個懷抱夢想的人，都希望夢想能夠實現。

然而成功絕對不是偶然，想要有所成就就必須走過艱辛，經過一番努力才行，因為唯有如此，您才能牢牢抓住那猶如深藏林中、如寶石般的夢想。

那麼，我們該如何讓夢想變成現實呢？

您的所有疑問，將能在這本書中找到解答。

本書收錄了許多偉人實踐夢想的心路歷程，請您仔細閱讀，用心觀察他們是如何邁向成功，並傾聽他們傳遞給後人的訊息。這些偉人們不僅是人生的前輩，也是傳承學問的師長，有許多值得我們學習的地方。

有如此一言：

「有夢最美，而達成夢想者更美。」

當韓國在2002年世界盃終於踢進前四強時，大家都
高喊著：「夢想實現了！」

就是因為付出無盡的努力，韓國代表隊終於能嚐到
甜美的果實，所有人也開心不已，彷彿自己身上發生了
好事般的欣喜。

現在，那句曾讓大家開心吶喊的話，要成為獻給大
家的一句話：

「夢想實現了！」

願閱讀本書的讀者們，總有一天都能完成自己的夢
想，成為讓我們國家在世界舞台上閃閃發光的一份子。

高隨有

目錄

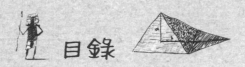

目錄

成為一個事事仔細觀察的人
畢達哥拉斯

B.C. 582? ~ B.C. 497?

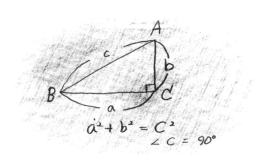

$$a^2 + b^2 = c^2$$
$$\angle C = 90°$$

　　畢達哥拉斯定理究竟是什麼？簡單來說，就是三
角形的三個角度總和為180度，若該三角形的其中一個
頂點為90度的直角三角形，則最長的斜邊長平方就等於
兩個直角邊邊長的平方加總。

　　覺得很難吧？不過只要試著解答一次題目，你就會
發現其實這非常簡單。至於把這個原理統整出來的人，
就是我，畢達哥拉斯。

　　其實我小時候對數學一點興趣也沒有，一方面也是
因為家裡經濟狀況並不好，我壓根兒就沒想過上學這件

事，所以現在我以數學家身分廣為人知，就連我自己都覺得很神奇呢！

　　我從小時候起，就會帶著木柴到市場販賣，或是幫人做木柴配送，藉此掙錢過活。每當背著一堆木柴走在下坡路段，都感到相當痛苦，因為不管怎麼小心翼翼地走，就是無法抓到平衡，木柴老是掉滿地。

　　「啊，又掉了。」

　　每次木柴一掉下來，我就得彎下腰撿起並重新背起，這樣的動作總要反反覆覆好幾次。我曾嘗試把木柴劈成相同大小，並用繩子綁好等各種方法，可是不管我怎麼做，木柴與木柴之間必定會有空隙，重心也會因此偏移，最後木柴仍會在途中掉落下來。

　　「難道沒有其他好方法了嗎？這樣下去，一天就算只搬運一次木柴都很累人。」

　　木柴負荷量已經不如大人的我，還得為了木柴掉落而花時間撿拾，光想都覺得沮喪。不過，在這時候我突然靈機一動！

　　「等等？那麼把大小不一的木柴交錯放置呢？把比較大塊的木柴鋪放在最下面，上面再堆放大小接近的木

畢達哥拉斯

柴，這樣應該就能保持重心穩定了吧？」

　　當我按照這個想法，隨不同大小來交錯鋪放木柴之後，就算通過下坡路段時加緊腳步，木柴也不會晃動！我不禁高興地大聲歡呼。

　　「喂，可以跟我談一談嗎？」

　　「是？」

　　在我背著木柴前往市場的途中，突然遇到一個人把我叫住，我以為他是要跟我買木柴的人，滿心期待地望向他。

　　「我說那個木柴……」

　　「啊，木柴是嗎？要幫您配送嗎？這些木柴都切得很整齊，燒起火來很方便唷！」

　　我向那個人走去，並拿出木柴要給他看，結果他露出了慌張的神情，沒頭沒腦地這麼問我。

　　「不，不是啦。你是故意這樣堆放木柴的嗎？」

　　「嗯？啊！為了不要讓木柴掉出來，我稍微改變了一下堆放的方法。」

　　明白他並沒有打算要買木柴，我有點失望地回應他

畢達哥拉斯

之後，便轉過身打算繼續上路。結果他突然抓住我，還對我提了一個要求。

「可以讓我看看你是怎麼堆放這些木柴的嗎？」

「現在？可是我現在得去市場了，要是不趕快去的話，等等我這些木柴就賣不出去了。」

「只要你給我看堆放木柴的方法，我就把這些木柴全都買下來，這樣可以嗎？」

「真的嗎？」

我一聽到他這番話耳朵都豎了起來，在他保證買下所有木柴之下，我就當場把木柴拆卸下來，重新堆放給他看。

「我就是這樣放的。」

我重新堆放起木柴，並抬起頭來看著他，只見他露出非常驚訝的表情，視線來回看著我和那堆木柴。

「你是怎樣想出這個方法的？」

「我只是一直苦惱有沒有什麼方法可以讓木柴不要掉到地上，想著想著就想出來了。」

「你真的很厲害耶。那好，你可以把這些木柴都送到我家嗎？」

14・15

於是我重新背起這堆木柴，並跟著那名男子走。沒想到他的住家居然是間豪宅，是我就算賣一輩子木柴也不敢妄想的那種豪華宅邸。

眼前這座豪宅的規模之大，讓我膽怯了起來，我趕忙把木柴卸下並掉頭就走。

「等等。」

那名男子問我要不要休息一下再走，並邀請我到他家裡坐坐，還招待我好吃的茶點。

「你現在有在上學嗎？」

「沒有，我們家很窮，我得出來賣木柴才有錢過活，上學這種事我連作夢都不敢想。」

我毫不猶豫地這麼回答他。他聽了我的話之後，一臉惋惜地看著我，然後開口說道：

「那你不想讀書嗎？」

「我當然很想讀書，可是現在這種處境，哪能讓我讀書呢？」

不知怎地，我突然感到很羞愧，脹紅了臉。沒想到這時他給了我一個提議：

「希臘有個叫做泰勒斯的偉大學者。他所在的學校

畢達哥拉斯

不收取學費，提供給想讀書的人一個學習的機會，你要不要去那裡讀書呢？」

「咦？我嗎？哈哈，您在開玩笑嗎？」

其實我也很想上學讀書，但我心裡清楚家裡的經濟狀況，所以對那名男子的話不置可否。

「以你的才能，要是一直在這鄉下賣柴實在太可惜了！怎麼樣？要不要去希臘試試看？」

我猶豫了，但仍很快地回覆他：

「想，我想去！」

一直用溫暖笑臉看著我的那名男子，大概是怕我改變心意，馬上就著手幫我進行前往希臘的一切準備。

就這樣，在他強而有力的援助之下，我終於動身前往希臘。

生平第一次就學的我，到了希臘之後，就在泰勒斯身邊學習知識；也就是在那時候我才了解什麼是真正的學問。日後，我獲得了眾人肯定，並且創建學校、親掌教職。

除了前述的畢達哥拉斯定理之外，我還研究整數的定義。

你們知道什麼是整數嗎？整數指的是正整數、0與負整數，其中正整數又稱自然數，也就是1、2、3……等數字，而負整數則是在正整數前標有「－」符號的數字，如-1、-2、-3……等。

　　整數的定義是你們進入國中以後最先學到的數學基礎，我稱這個定義為整數論。

　　不過，在我之後的許多數學家們，繼續以更多基準從整數中分類不同數字，而那些理論也成為了你們所學習的數學基本。

　　我認為數字是一種能夠表現萬物的重要文字，所以我總是這樣告訴學生：

　　「萬物皆為數字，所有東西都能透過數字以數字作為證明，並以數字進行傳達。數字是構成這世界的重要因素，你們絕對不可忘記。」

　　我能夠將木柴綁好不掉到地上，就是因為我謹慎仔細的性格，讓我能夠對應這樣的問題狀況。

　　而我也相信就是因為如此，才能造就我成為眾所皆知的學者。

畢達哥拉斯

不管是哪門學問，都需要謹慎求知，其中尤以數學為甚，這是因為數學這門學問講求精準，哪怕一個數字或是一個計算步驟有錯誤，都會大大影響導出的答案。

　　所以當我們在解答數學題時，一定要集中精神並仔細完成每一步驟的計算。

　　我希望你們在就算只處理一件事情時，也能夠保持謹慎的習慣，並且放寬心去仔細觀察世間萬物。也許這看似沒什麼大不了，但在經過十年或二十年後，這樣的習慣一定能引領各位獲得成為數學家般的至高榮耀。

第 1 種習慣

保持悠閒的心情

以發明留聲機與電燈泡而聞名於世的愛迪生，其興趣是修整庭園。

每當愛迪生在實驗途中感到疲憊時，他就會去修剪庭園中的花草，以此轉換心情。可是不知從哪天起，他發現自己庭園裡的花草被折得亂七八糟，所有的花都枯萎凋謝了。

「唉呀，這是怎麼一回事？」

愛迪生雖然滿肚子怒火，但還是耐著性子返回屋內。

隔天，他的庭園裡就多了一塊告示牌：

「給折花者：

用手折花會傷害花朵，請使用剪刀。」

沒想到隔天愛迪生走到庭園裡，竟發現告示牌上多了一句話：

「剪刀太鈍了，請您磨利一點吧。」

將數學轉換成實用學問
南秉吉

1820 ~ 1869

您聽過東方之星這句話嗎？

東方之星除了有賢者的意思，也是指引旅人走向正確方向的星星。

我是朝鮮時代的數學家，南秉吉。我從小時候起，就對數學與天文學很有興趣。我有一個哥哥名叫南秉哲，他也是熱愛數學的人，我們兩兄弟日後也成了村子裡有名的數學家兄弟。

「哥哥，數學這門學問真的很有意思呢。」

「對吧？越是了解數學，就越能感覺其中的奧妙，也越讓人產生好奇心呢！」

我們一邊閱讀從中國傳來的西洋數學書籍，一邊分享彼此心得。我們讀過的西洋數學書，雖然說不過只是其中的一小部分而已，但卻已開啟了我們兄弟倆寬廣的想像力。

　　「你們又在看那些數學書嗎？如果有時間看那些閒書，不如多花點時間努力用功在你們課業上！」

　　只要我們在看西洋數學書籍並討論相關的內容時，父親一定會用不滿的表情責備我們。其實當時會去研究數學或科學的人，大多是屬於中人階層（朝鮮時代介於貴族與平民之間的階級），像我們這種兩班階級的貴族，幾乎都認為這不是我們需要去研究的東西，當然我們的父親也不例外。

　　因此，我們總是得偷偷摸摸地閱讀數學書籍，或是趁著父親睡覺之際，躲回房裡解數學題。

　　有一天，我和哥哥正在房間裡解數學題：

　　「這部分的計算好像有點難呐。」

　　「對呀，哥哥的答案和我的不一樣耶。你是怎麼解出這個答案的？」

　　我開始比對哥哥解題的方式和我的有何不同。那時

南秉吉

並沒有固定的解題方式，也沒有人可以為我們說明，我們總是各自用自己想到的方式去解題，不過這樣反而更給予了我們刺激想像力的機會。

「哥哥想的果然和我不一樣呢。」

「是嗎？可是我們兩個的答案不一樣，根本沒辦法知道誰是對的，真討厭。」

聽到哥哥這麼說，我也垂頭喪氣了起來。每當遇到彼此答案不同的狀況時，就更加感受到需要一位老師來指導我們數學。

「那這次我們來解這個問題吧。」

我們默默地開始解題。光是解題這件事，就足以讓我們享受其中，並忘記時間的流逝。

突然間，門邊傳來一陣腳步聲，我們大吃一驚，倏地抬起頭來。

「居然熬夜在唸書啊，真乖！」

開門的是父親。父親的出現讓我和哥哥措手不及，我們雖然趕緊藏起正在計算中的解題用紙，卻來不及藏好數學書。父親瞄到那些書，氣得抓起書本並對著我們大吼：

22 · 23

「這是什麼！你們居然還在看這種書！」

父親用力抓著書本的兩側，正打算把書本撕個碎爛，我們兄弟倆見狀，趕忙上前抓著父親雙手不放。

「不要啊，父親大人！」

「拜託，拜託把書放下來！拜託，父親大人！」

我們一邊緊緊抓住父親的手，一邊哭求他把書還給我們，對我們來說，父親抓在手上的那本書就跟我們的性命一樣重要。

「你、你們？」

一直以為我們說想研究數學只是玩笑話的父親，被哥哥和我的舉動嚇了一跳。

「你們，就這麼喜歡數學嗎？」

父親這麼問我們。雖然對父親感到抱歉，但還是老實地點了點頭。

「寧願這麼做，也要學數學？」

「是的。」

父親不發一語，只是看著我們，過了好一會兒。

「如果真的那麼想學習數學，那好吧，我就讓你們去研讀數學。你們這麼著迷數學，我還能怪誰呢？也許

你們和數學有什麼緣分吧。」

「真的嗎？」

父親出乎意料之外的回應，讓我們驚訝不已，忍不住再三確認。父親再次點頭表示同意。

「可是，你們得答應我一件事。」

「好！只要能讓我們研讀數學，不管要做什麼，我們都答應！」

「研讀數學可以，但是你們不能疏忽掉其他的課業，別忘了你們可是出身兩班人家！為了日後能靠你們喜歡的數學為生，你們得通過科舉考試，所以其他科目也得認真學習，只要答應我做到這點，我就准許你們學習數學。」

「是！我們答應您！其他課業一定也會認真學習。只要能讓我們繼續學習數學，其他課業都不是問題！」

我們在父親面前立下約定，承諾一定會努力學習其他課業，同時也會努力學習數學。

父親得到我們的承諾之後，這才將書本還給我們。從此，我和哥哥不需要再偷偷摸摸地學習數學，而且父親為了我們，還特地取得朝廷裡研究數學的專家所寫的

南秉吉

書籍，並且拜託數學學者抽空來指導我們。

當父親同意我們繼續學習數學以後，我們倆對數學懷抱了更大的夢想，而這個夢想也把我們帶進嶄新的數學世界裡。

日後，我們通過了科舉考試，並進入朝廷工作，哥哥在研究數學的同時，兼修了天文學，而我則是數學與政治雙修。雖然我們的出路隨著奉仕朝廷後出現了分歧，然而熱愛數學這點卻是始終沒變。

那麼你們知道為什麼人們比較記得我，而不是我的哥哥嗎？我在從政的同時，深深感受到為了無從獲得知識的百姓，以及接續我們理念的後輩數學家們，絕對有提供數學相關書籍的必要。

「如果我國也能直接編寫小時候和哥哥一起讀過的那種數學書籍，那麼一定能讓更多人學習數學，並讓我們的數學領域有更好的發展吧？」

其實我心裡著實希望上至兩班、下至賤民，所有的人都能學習數學，只不過當時的數學書籍內容艱澀，就算是兩班貴族或是飽讀詩書的人也難以理解。

「那就由我們來編寫數學書籍，如何？」

我向一起共事的數學學者們提出了這個提議，但得到的回應卻不如預期。

「有這個必要去教愚笨的百姓們數學嗎？反正他們既不識字，教了也聽不懂，讓他們學數學又有何用？」

他們都認為我不懂世事而對此提議不屑一顧，但我的想法卻跟他們不一樣。

「不管是做生意也好，還是測量土地面積也罷，如果這些工作百姓們都能靠自己完成的話，對大家來說不是更方便嗎？」

數學學者們對我的想法嗤之以鼻。

「無知的老百姓們一旦變聰明，那麼我們朝廷臣子只會變得更累而已。」

這些學者們不願意再和我多說，紛紛轉身離去，而我怔怔地望著他們的背影，心裡感到難過不已。明明這些學者們也非貴族出身，都是來自於中人階層，為什麼就不能為弱勢的百姓們多想想呢？

我希望數學能成為所有人都樂在其中的一門學問，而我也想為此付出努力，只是沒有任何人願意助我一臂之力。

南秉吉

「既然大家都不做的話，那我自己來！我可是位數學學者，只要將我思考和學過的知識統整起來不就好了？我能做多少，就做多少！」

　　我暗自下定決心，並抓住每個空檔時間來進行編寫，從那時起，我一共編寫了《九章術解》、《勾股術圖要解》、《算學正義》、《緝古演段》等30多部，裡頭雖有部分天文學相關書籍，但絕大多數是數學的書。

　　我在學習數學時，西洋數學書籍就是我的東方之星，如今我親自執筆編寫數學書籍，也希望這些書籍能成為無知百姓與後輩學者們的東方之星。

　　你們是否也有作為目標所在的東方之星呢？如果沒有的話，請你們現在開始仔細想想，並設立一個目標，然後跟隨著那顆星星，朝著夢想之路前進。

第 2 種習慣

全力以赴

西元 2003 年初，法國知名主廚羅梭自殺事件鬧得沸沸揚揚，其中最讓人訝異之處就是他的自殺理由。

法國的世界知名輪胎公司——米其林，每年都會嚐遍法國境內所有餐廳的料理，並公布其評等成績，每年都拿下最高評等三星等級的羅梭主廚，在當年聽說餐廳的評等可能被降級的消息，因此承受不了壓力，最終自我了結生命，離開人世。

人一旦登頂，當然也會有走下坡的時候，若無法理解並認同人都有極限，那麼不管獲得再多的名譽或財富，也永遠無法得到滿足。

最重要的並不在於成為頂尖，而是無論何時都要有全力以赴的習慣。

努力就有希望
高斯

1777 ~ 1855

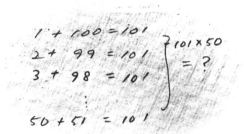

$$1 + 100 = 101$$
$$2 + 99 = 101$$
$$3 + 98 = 101$$
$$\vdots$$
$$50 + 51 = 101$$

$\left. \right\} 101 \times 50 = ?$

　　我是高斯，我學習數學的地方在德國。從小我在老師眼裡就是個叛逆學生，這並不是因為我任性不聽話，而是因為我的數學解題思考方式和老師的想法不同，僅此而已。比起複雜的算式，我更偏好簡潔的算式，而且每次成功解題後，我就會想要找出更簡單的算法，但我的數學老師偏偏很討厭我的這種性格。

　　我們學校教授數學的老師，曾在柏林研究數學，是個有強大自尊心的人，也就是因為如此，他總是覺得我們鄉下小孩腦袋愚笨，很看不起我們。

　　「你們真是無藥可救了，會跑來教你們這些笨蛋數

學的我還真是可憐。你們一直跟不上進度，成績再這樣爛下去，是要把我的面子往哪裡擺？」

老師總是像這樣斥責我們。可是老師他只是一直用那些我們無法理解的複雜算式來上課，然後卻罵我們腦袋不好、跟不上進度，所以我實在是很討厭這個老師。而且不只我而已，其他同學們也都有同樣的想法。

「好，那我來給你們出一道題目。」

不知道老師心裡打的是什麼主意，他看著我們，並自信滿滿地向我們提議，而我們則是對老師的提議感到驚訝，大家都以緊張的表情望著老師。

「只要你們之中有一個人能解開這個問題，那麼今天的課就上到這裡，但要是沒有人能解開這問題的話，以後你們的成績得想辦法進步2倍喔！」

同學們聽到老師這麼說以後，大家臉都發白了。說實話，我們的數學實力根本沒有好到能解開老師所出的複雜題目。

「請你們算出1到100所有整數的加總數目，解題時間是10分鐘。」

同學們都呆愣地張大了嘴。對孩子們來說，要計算

高斯

這樣的題目並不是件容易的事情。

「啊，這問題我知道！我以前曾經解過。」

在聽到老師出的題目那瞬間，我在心裡大聲歡呼！因為我以前解過類似題型，雖然當時解的題目並未計算到整數100。於是我不像其他同學們一樣發楞，直接開始思考如何解題。

其實老師知道能夠輕易解開這問題的公式，但他卻沒教過我們，所以他心裡很肯定我們一定無法成功解出答案。

就在其他同學們哭喪著臉時，我一下就解好題目，並把答案卷交給老師。

「怎麼樣？現在才要抱怨可沒什麼用唷！」

老師一點也不認為我已經把題目解開，看到我把答案卷交給他時，反而露出不耐煩的神情。看著老師那皺成一團的臉，我只是淡淡微笑地對他說：

「我已經解出答案了。」

「什麼？已經算出來了？哼，就你能加上幾個數字呀？要是答案不正確的話，你就等著被我教訓吧！」

堅信絕對沒有人可以解開自己題目的老師，用凌厲

的眼神盯著我責罵。

約莫過了10分鐘以後，同學們遲疑地交出自己的答案卷。

老師收到答案卷以後，開始批改分數，並一一點名解答錯誤的同學，使得同學們越來越恐懼不安。待批改的答案卷越來越少，但正確解答問題的人卻遲遲未出現，老師的表情也因此越來越得意，而同學們臉上的失望也逐漸加深。

「嗯，全都答錯了，現在只剩一個人囉！」

老師這麼說的同時，眼睛還不忘盯著我看。

「哼，才10歲的小鬼頭，不到10分鐘就敢說自己解出答案來，看來得讓你徹底丟臉才行。」

看到老師臉上那詭異的笑容，我感覺他心裡就是這麼說的。

不過我可不像其他同學那樣驚慌或害怕，因為我相信我解出來的答案一定是正確的解答。老師看我一副泰然的樣子，倒是露出了走著瞧的表情，開始批改起答案卷來。

老師看了我的答案卷好一陣子，表情突然僵硬了起

高斯

來，用驚訝的眼神看著我的答案卷，站在講台上一動也不動。

「老師，答案正確嗎？」

「老師，答錯了嗎？」

看老師靜默地站在講台上，同學們忍不住紛紛開口問了起來。

過了一會兒，老師才悶悶不樂地開口說道：

「嗯……今天課就上到這裡吧。」

「哇！」

「你居然答對了，很厲害嘛！」

語畢，老師旋即離開教室，而其他同學們則跑來祝賀我。

下課以後，我直接前往叔叔的織物店。叔叔是唯一認可我學習數學的人，當我把當天老師要我們解答問題的事情告訴叔叔之後，他開心地大笑了起來。

「真想看看他變臉的樣子！」

「可是我好像做了什麼壞事一樣，覺得很抱歉。」

「你不用那麼想，他可是個瞧不起小孩的老師呢！不過話說回來，你是怎麼解出答案來的呀？」

於是我對叔叔說明我是如何解答的。

只要把數字排列開來，以中心為基點，和中心距離相同的兩個數字相加起來，都會得到同一個數值。舉例來說，距離中心點最遠的數字分別為1與100，把1與100相加起來則為101；而距離第二遠的數字為2與99相加以後，所得到的數字也是101。也就是說，只要將兩個數字相加的次數乘以101就可以知道答案。在每兩個數字為一組的計算之下，需要100除以2，也就是50次的相加次數，而每次相加所得數值為101，所以只要將50乘以101就等於是從1加到100，其數值為5050。

「很簡單吧？我真的覺得數學簡單又有趣。」

默默聽完我的說明之後，叔叔猛然地給了我一個擁抱，還開心大叫：

「你怎麼會這麼聰明啊！就算家裡再窮，也一定要讓你唸書才行，我會去找你爸爸談談，要是他說沒辦法，那就由我來幫你出學費，所以你不用擔心！你一定是老天爺派來發展數學的數學天才！」

我能走上數學家之路，都是多虧有叔叔的鼓勵，而另一位鼓勵我的人，則是我的母親。

母親一直是最支持我的人，有時我書讀得累了，忍不住鬧脾氣時，母親總是溫柔地包容我，所以只要看著母親，我就能獲得力量。

　　某天，有個朋友來找我。

　　「高斯，有個人想見你。」

　　「想見我？是誰？」

　　「布倫斯威克的公爵。」

　　聽到朋友這麼說，我大吃了一驚，因為布倫斯威克的公爵是當時地位的最高的貴族，沒想到他居然想見我。原先我還以為朋友是跟我開玩笑，但朋友的表情卻是一臉正經。

　　「不久之前，我曾在一場派對上和他聊到數學與天文學，我向公爵提起了你的事情，他聽完後就立刻表示想和你見一面。」

　　於是，我便前往與布倫斯威克的公爵會面。

　　與布倫斯威克的公爵——卡爾・威廉・斐迪南的會面，可說是我這輩子最大的幸運。

　　「聽說你是個數學天才？」

　　「沒這回事，我的程度還差得遠。」

高斯

那一天，我和公爵聊了許多。

「你真的很厲害呢！小小年紀居然能思考這麼難的數學問題，你對數學的熱情遠超乎我的想像呀！如果需要的話，我可以資助你上大學，你願意接受嗎？」

「可、可是。」

「但是，我有一個條件。」

公爵提出的條件意外地簡單，就是要我認真讀書，而我也開心地立刻答應他。

我並不是單靠一己之力獲得至今的成就和名聲，我想告訴大家，我是個很幸運的人，能夠遇到賞識並認可我能力的貴人，有了這些人們的全力支援，我才能擁有如此的地位。

我相信只要你們付出努力，一定也會像我一樣抓住幸運。

第 3 種習慣

找出有利於世界的事情

諾貝爾有感於戰爭奪走太多條人命,認為只要發明出更強力的武器,就能阻止戰爭的發生。

於是他在歷經無數次的失敗與挫折之後,終於發明出當時任誰也想像不到的高爆發力炸藥。

有一天,他看到報紙上刊載了這樣的新聞:

「死亡販子之死」

當諾貝爾看到這則新聞時,他感到十分挫折。事實上,離開人世的是諾貝爾的哥哥,而非諾貝爾,新聞上的報導是出自於記者的失誤。諾貝爾看完新聞以後,很快就寫了一封遺書,遺書裡明示將捐出自己的全部財產,以成立獎項並提供獎金給對人類有貢獻的人。如今世人對於諾貝爾的印象主要來自於促進人類福祉的「諾貝爾獎」,更勝於他所發明的炸藥。

絕望中不忘研究方程式
伽羅瓦

1811～1832

　　我出生於法國巴黎近郊的一個平凡家庭裡，而我的父母是非常尊重孩子意見、深思熟慮的人。

　　由於當時並不像現在一樣實行義務教育，所以大人們並不認為讓孩子們去讀書是很重要的事情，也因此家境好的孩子們會去上學，但家境不好的孩子們就得工作幫忙負擔家計。

　　「讀書是有錢人才能享受的奢侈，像我們這種窮人家，連作夢都不敢想。那些時間只能去工作賺錢，這樣才能多買一塊麵包吃。」

　　在那個吃飯都成問題的窮困時期，與其花時間學識

40．41

字，倒不如拿去學技術或是工作賺錢才是討生活的最優
先考量。

　　儘管在這樣的環境下，我還是選擇讀書學習。雖然
我們家的家境不好，但我的父母理解我的想法，而且也
很積極支持我的決定。

　　雖然在當時窮苦的家境下，決心上學讀書是個很艱
難的選擇，但對我來說，光是擁有能夠理解我的父母就
已經是莫大的幸福了。只不過，幸福來得太過短暫，當
我即將進入大學之際，我面臨了該繼續就學或工作賺錢
的抉擇。

　　「上大學要花很多錢，這該怎麼辦好？」

　　因為昂貴的學費，我遲遲無法做出抉擇。不過，儘
管如此，我還是持續打聽學校的相關資訊，尤其是那些
有知名數學學者任教的學校。

　　「現在只剩技術大學與師範大學了，我想技術大學
應該會比較好。」

　　畢業於師範大學之後，能夠到學校任教這點是吸引
學生就讀的一大賣點，但比起畢業後擔任教師，我心裡
更想持續鑽研數學這門學問。

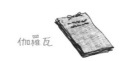

伽羅瓦

「雖然我打算兩間學校都報考，但比起師範大學，我更想就讀技術大學。」

我把想要進入技術大學就讀的想法告訴了父母。

「是嗎？你若希望如此，就讀技術大學也不錯。」

父母不僅尊重我的意思，也真心支持我的決定，這讓我那陣子以來的煩惱獲得解消。

隨著入學考試的日子一步步接近，我的夢想也日漸增長。那時我減少睡眠時間，全力衝刺準備考試，我的心裡充滿自信，認為自己一定能通過考試。

「加油！你一定會考上的。」

「我會的，你們不要擔心。」

由於我的在校成績總是第一名，父母堅信我一定能通過入學考試，絲毫不擔心。

我一邊克制住緊張的心情，步入了考場。在考試開始前，我坐在一旁看書，做好最後的衝刺準備。

「嗯！一定要將至今學過的全都發揮出來！這段期間的努力成果，今天就可見真章了。」

鈴聲一響起，我便開始解題。可是當我一攤開試卷，整個人都慌了，考卷上盡是些我沒有讀過的東西。

42·43

情況如此，我只得懷抱著絕望的心情應試，走出考場之際，當初滿懷的自信也早已消失得無影無蹤。

　　遇到考試向來無往不利的我，結果在這次技術大學的入學考落榜了，而這也是我生平第一次嚐到失敗的滋味。歷經失敗的我，在那之後轉往就讀師範大學時，過程中也一樣歷經了不少曲折與考驗。

　　雖然順利進入師範大學就讀，然而不想從事教職，一心只想成為數學家的我，除了平常解解方程式之外，就沉浸在研究如何開出更難的數學題型。

　　那段時間，我創出了能夠簡單又有趣解題的數學公式——「伽羅瓦理論」，並將這套理論解方程式的方法以「方程代數解」為題，向法國學術院提出發表。

　　「如果這份論文通過的話，那麼我就能夠被認可為一名數學家了。」

　　論文送出以後，我一直引頸期盼發表結果那天的到來，可是經過了半年的時間，卻依舊沒有任何消息。

　　「為什麼沒有半點消息？為什麼！」

　　受不了等這麼久卻沒消沒息的我，直接找上學術院，打算一探究竟。

伽羅瓦

「所以我說，請你們叫審查委員來！我只是想知道為什麼我的論文到現在都沒有得到任何回覆！」

激動的我在學術院的入口大聲叫喊，被我的行為驚嚇到的學術院職員，一開始告訴我那只不過是因為我的論文沒有通過，但即使如此，我也沒有收到任何關於論文內容不適或不佳的聯絡。聽到我的反駁，職員當場啞口無言，只好趕緊查找資料。

「應該都有聯絡的呀，會不會是你沒收到？」

「不可能！你們快點確認呀！」

找不到關於我論文資料而慌張的學術院職員，這時趕緊聯絡審查委員，然而卻得到了這樣的回覆：

「收到的論文因為審查委員那裡發生了一些事情而遺失，所以沒有辦法另行通知。」

聽到這樣的回答，我氣到說不出話來。為了撰寫那份論文，我熬了多少個夜晚努力完成，現在居然被他們給搞丟了，而且還因此沒辦法收到通知！對於學術院這種毫無責任感的行為，我感到相當失望與憤怒。

氣炸的我一直追問他們該如何賠償我，但由於學術院並沒有備份留存，所以他們反倒怪起我來。

伽羅瓦

「您就當作是自己運氣不好吧，反正幾乎沒有人第一次論文就會通過，您從現在開始著手準備第二份論文來不就好了嗎？」

這下我實在不想再跟這些沒有責任心的職員多說，直接轉頭回家去。

「算了，就當作是想要一次就通過的期待過大，才會發生這種令人失望的事情。現在只好拿這次的經驗當作教訓，我得準備好更完善、更周全的論文來。」

於是我重新調適好心情，再次埋首於方程式的研究之中。當學校課業結束後，我就一路撰寫論文直到天亮，並且反覆訂正修改，總算在半年過後完成論文。

「終於完成啦！」

這份論文對我來說，是無可取代的心血結晶。

「學術院看了這份論文一定會驚為天人吧？」

我自信滿滿地寄出這份論文，相信不出兩個月，絕對會得到好消息。

只是過了三個月，論文審查的結果依舊無消無息，心裡焦躁不已的我再度找上學術院。

學術院職員在我的請求之下，開始翻找起文件。

46・47

「伽羅瓦是嗎？啊、在這裡。審查委員是……！」

在確認負責的審查委員時，職員用十分慌張的表情看著我。

「那個，論文是已經交給審查委員了啦……」

「然後呢？」

話講得吞吞吐吐的職員一副不知道該怎樣講下去的樣子，小心翼翼地開口：

「收到這份論文的審查委員已經過世了，目前那位委員收到的論文中，大部分都無法確認放在何處。」

「你說什麼？」

無話可說的我忍不住吼了出來，職員則是不停對我鞠躬道歉，並告訴我已經在四處打聽論文的下落，只是絕大部分的論文在遺失後就很難再找回來。

我只能無奈地苦笑，完全無法理解怎麼會在同一個地方弄丟論文兩次，我甚至就連生氣的力氣也沒有，最後只能垂頭喪氣地離開學術院。

雖然我經歷了這些失望與挫折的打擊，但仍舊沒有放棄研究方程式，最後終於完成方程式的數學公式。

如果我當時因為那些挫折而一蹶不振，放棄數學的

伽羅瓦

話，那麼我的人生肯定會和現在有所不同吧？

　　我希望你們就算失敗或遇到不幸的狀況，也不要輕言放棄。在你們往後的人生裡，就算有再多艱苦的試煉，只要不放棄並且正面迎接所有挑戰，總有一天一定能夠獲得人們的認同。

第 4 種習慣

苦難中也不要失去夢想

和伽羅瓦同一時代的挪威數學家阿貝爾擁有異於常人的數學才能，在挪威幾乎沒有能教導他數學的人。

可惜他在十八歲父親過世之後，便一肩挑起養家的重責大任，在貧苦與肺病的折磨之下，最後因結核病與營養失調於二十六歲的年紀便英年早逝。

生前因為罹患肺病的關係，沒有辦法求得像樣職業的阿貝爾，雖然曾獲得柏林大學的教授聘書，然而當聘書送達他的住處時，已是他撒手人寰之後的事。

阿貝爾雖發表過無數論文，但當他還在世時，卻沒有得到眾人的認可。儘管如此，阿貝爾流傳迄今的「阿貝爾積分理論」、「阿貝爾定理」、「阿貝爾方程式」，讓他成為數學界中的永恆傳說，為後人所緬懷。

戰勝牙痛的數學研究

帕斯卡

1623～1662

　　你們知道圖形學嗎？圖形學泛指計算多角形的各角度大小，再藉此算出體積或面積的方法，同時也是測量圖形大小的方法。

　　我是研究圖形的帕斯卡，我所研究出來的數學法則有「帕斯卡三角」、「擺線」等。

　　算術三角形是一種與機率並用的公式，而擺線則是先在腳踏車輪的一處塗上螢光物質，然後再於陰暗處滾動腳踏車輪，觀察並描繪出來的曲線動態，透過曲線動態，即可了解螢光點的位置所在。

　　在這些公式中，又以擺線對微積分學的發展最有助

益，不只如此，伽利略曾在製作橋底拱形時，推薦使用擺線來畫出拱形。不過，擺線雖有許多優點，但缺點也不少，因此引發贊否兩派的爭論，甚至被貼上引發爭議的「金蘋果」標籤。

除此之外，我也致力於「六邊形定理」的研究。

我遊走各處進行演講，教授我所研究的數學理論，那些接踵而來的演講邀約，讓我每天都過得非常忙碌。

某一天我演講的主題是算術三角形，那天我一如以往，在四頭馬車裡重新檢視當天要演講的內容，突然發生了一件事故。

「啊、怎麼突然會這樣？呃！喔！」

奔走中的馬車突然猛力晃動起來，馬伕急迫的喊叫聲傳入了我的耳裡，驚慌的我趕緊詢問馬伕到底發生了什麼事。

「馬突然不聽話了！」

「馬不聽話？這不是你平常駕馭的馬匹嗎？！」

「是，但不知道為什麼突然會……喔喔……怎麼會這樣？！」

牽引馬車的馬匹多是受過訓練的馬匹，很聽馬伕的

帕斯卡

話，可是跑在前頭的馬匹突然加速，並開始往不同方向竄動奔跑。

這時馬車劇烈地晃動了起來，馬伕根本無法控制住馬車的重心，焦急地大聲叫喊並揮舞手上的馬鞭。沒有辦法幫上忙的我，只能緊緊地抓住自己的公事包，在馬車裡哆嗦發抖。

只不過，馬車搖晃地越來越厲害，最後只聽到「嘎吱！」一聲，馬車居然開始滾動了起來。隨著馬車而滾動的我，一瞬間就失去了意識。

等我恢復意識，已經是三天後。

「這真是個奇蹟呀！我還擔心要是你一直不醒來，該怎麼辦才好呢！」

一聽到我醒來的消息，就飛奔過來確認狀況的醫生笑著說多虧了神的眷顧，我才能清醒過來。

之後，我從家人口中得知事情發生的始末。

原來是脫韁的馬匹正全力奔跑，然而連結馬匹與馬車的繩子鬆脫，導致馬車在原先奔跑的速度下滾動起來，而馬車欄杆就插進了馬匹的腳裡。在這樣的衝擊之下馬伕掉入河中，下落不明，而我則因為身處馬車裡

帕斯卡

頭，所以運氣好沒掉到河裡，只不過也因此被捲進撞毀的馬車座椅裡，而造成大量失血。

看著眼角泛淚的家人，我不禁害怕了起來。

在那之後，我就不再出外進行數學演講了。

「現在我不用因為出外演講而產生過多壓力，心裡挺平靜的。這樣也好，現在我可以獨自一人進行研究，享受研究數學的樂趣了。」

不管別人怎麼說，在那之後，我專心一志地進行學術研究。

獨自一人研究數學，雖然孤獨卻也愉快，只是心裡仍不免還是覺得有些遺憾，畢竟我也想讓自己的研究成果獲得眾人的評價，更重要的是，我認為適時聽取他人意見也是做學問必需的重點。

後來有一天又發生了其他事件。

那時我長期飽受牙痛的折磨，某一天牙痛再犯，痛得我連東西都吃不下。

「不要緊嗎？去看個醫生，接受治療比較好吧？」

那時我牙齒痛到沒辦法好好咀嚼，餐餐只能喝湯果腹，家人看到這樣痛苦的我，也不免焦急擔憂。

「沒關係，這點程度我還忍得住。」

「可是你都痛成這樣了，我看還是聯絡一下理髮師比較好。」

「沒、沒關係啦。」

我一聽到要聯絡理髮師，就趕忙揮手拒絕。

當時並不像現在一樣是由醫生來治療牙齒，理髮師也能替人治療。理髮師在幫人治療牙齒時，會使用巨大的槌子和看起來像是釘子的道具來進行療程，雖說那些道具都是治療用的器具，但看起來真的是很嚇人，讓人覺得治療牙齒就跟石匠鑿石沒啥兩樣。

光是想到那些可怕的工具要在我嘴裡攪來攪去，我就忍不住打起冷顫來，所以我一點都不想去給理髮師治療牙齒。

可是日子一天一天過去，我的牙齒也越來越痛，之後更是痛得睡不著覺。

「啊，這樣下去真的沒辦法睡覺了！到底為什麼會這麼痛呀？算了，睡覺之前一樣先想點別的事情來轉移注意力吧。」

我壓著發疼的那顆牙齒，躺在床上翻來覆去，為了

怕斯卡

能忘記疼痛，一直努力在腦子裡想著其他東西以轉移注意力。

「現在研究中的擺線還挺有趣的，不如來想想擺線的事好了。」

我突然想起最近開始研究的東西。

前面也講了，擺線是圓形滾動時，該圓形上的一點所行進的軌跡，而該曲線同時具有數學與物理上的意義。擺線就是求取該曲線上一點之位置的方式。

為了找出能夠明確證明擺線的方法，我正在腦海裡反覆思索各種方式，突然間我大吃一驚。

「什麼？已經早上了？奇怪，滿腦子光想著擺線的事，一點也沒感覺到牙痛。」

我歪著頭苦思：牙疼時，一分鐘就如同一小時一樣漫長，怎麼會昨晚在幾個小時內絲毫都沒感受到痛楚，腦子裡裝的都是擺線？原來我竟如此投入在其中。

「等等，既然能夠讓我忘卻痛楚，這會不會是上天給我的啟示呢？沒錯，一定是，一定是老天爺要我進行研究並向世間發表的意思！」

我微微一笑，最後下了這樣的結論。

56·57

那天之後的八天內，我幾乎廢寢忘食，全心投入擺線理論的研究與統整之中。奇妙的是，當我開始進行擺線研究之後，長期折磨我的牙痛居然一次也沒發作過。

　　所以，為了脫離牙痛的折磨，我更加投入擺線的研究裡。

　　最後，我終於得到結論。

　　「成了！對了，就是這個！」

　　我自信滿滿地將這份論文寄給以前在數學界的友人，透過他們的轉介，我研究出來的理論終於能夠展示在世人眼前。

　　人們都是這樣形容這個意外的：

　　「空前絕後的牙痛數學貢獻。」

　　我如果忘卻馬車的意外事故，一如往常地巡迴演講，並繼續進行數學研究的話，說不定會產出更多的研究成果。但相反的，就是因為停止了出外演講，我才能擁有這麼長的時間可以獨自進行研究。

　　而且我相信，也就是因為有了自己的時間，擺線的研究才得以完成。

　　你們也可能會遇到和我一樣的考驗，但要如何去接

帕斯卡

受並面對，就是你們自己的課題。

　　你們能採取像我一樣的行動，也可以選擇其他條路走，甚至是無視一切的試煉，但別忘了最重要的一點，就是無論你們所歷經的考驗帶給你們多大的痛苦，也請絕對不要放棄數學。

　　我認為只有當你們通過試煉，並戰勝痛苦，這樣才能讓數學獲得發展。我想告訴你們，只要你們持續研究數學，總有一天數學會為你們帶來美好的結果。

　　願你們的路上有數學常伴，就像我一樣。

第 5 種習慣

學習謙卑

有位父親相當疼愛自己的兒子。

但是兒子卻認為父親對自己的愛是理所當然。某一天⋯⋯

「爸爸，我要玩騎馬。」

父親當天其實很疲累，但還是讓兒子坐在自己的背上，在家裡晃了好幾圈，兒子開心的樣子就好像自己是國王一般。

「媽媽，你看我！我比爸爸還要高！你看，我連天花板的柱子都抓得到唷！爸爸還抓不到咧。」

就在這個時候，爸爸低聲說道：

「兒子呀，你抓住那根柱子看看！」

兒子伸手抓住柱子，但此時爸爸趁勢悄悄抽身，懸空吊掛在柱子上的兒子，在那一刻才了解自己的傲慢。

用數理方式進行 觀察與思考
笛卡兒

1596 ~ 1650

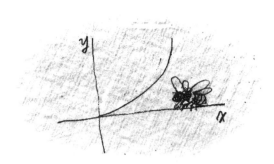

　　你們好嗎？我是笛卡兒。我出生在法國的一個小鄉村，我的父母很疼愛小孩，只要我們有什麼想要的目標，他們總是會特別留意，並努力幫我們達成願望。

　　我從小時候起，不管什麼東西都很講求一致，在計算的時候，也一定要求出精準的答案才會覺得滿足。

　　「你喜歡數學是件好事，數學能讓人變得聰明，而且也有益於科學發展。」

　　為了讓我學習數學，父母幫我取得數學相關的書籍，並給予許多援助。

　　雖然大家都說我天賦異稟，但我並不這麼認為，我

只是覺得數學很有趣罷了，這是因為數學可應用在我們
生活當中。

　　你們在商店買餅乾時，需要付錢並查收零錢，對
吧？其實生活中算錢這個習慣動作，就是數學，還有在
數一二三的時候，也是使用數學的一種。不只如此，我
們周圍的所有東西，都可以用數學來呈現，例如：利用
圓點標示人們移動之處，並用數學求出該圓點的數值
等，總之數學所涵蓋的範圍非常廣泛。

　　其實，我不只喜歡數學，對音樂也有所涉獵，不
過我用數學的思考方式來解釋音樂，並寫成的《音樂提
要》卻受到眾人的批判。

　　「這內容根本完全忽視音樂的藝術性嘛！」

　　「可是音樂裡的確含有數學理論呀？」

　　「音樂是藝術，絕對不是用科學或數學的方式可以
表現出來的！」

　　甚至還有不少人特地來到我家門口丟石頭抗議。

　　「就接受他們的想法吧，畢竟人們的思想不可能全
部都一模一樣。」

笛卡兒

雖然一開始我也因為人們的反應而感到驚慌，但最後我說服自己要懂得接納他人的想法。

　　「喂！你要不要乾脆去從軍啊？」

　　有一天，朋友再也無法忍受我老是受盡眾人欺凌，於是建議我從軍。

　　「從軍？」

　　我雖然也沒有什麼不能從軍的理由，但突然間講到從軍，心裡還是慌了一下。

　　「什麼從軍嘛，沒頭沒腦的是在講什麼？」

　　「你現在不管再提出什麼論文，人們只會想起你那個《音樂提要》，然後又開始批評你啊！」

　　「所以？」

　　我要朋友再解釋清楚，結果他笑著這麼說：

　　「如果你自然地暫時消失在眾人面前，那麼當然也會遠離眾人的關注，這樣過一段時間之後，人們也會慢慢忘了《音樂提要》。」

　　聽了朋友這番話，我點了點頭。人們都說消失在眼前，也會逐漸從心中遠離，只要我消失在眾人面前的話，應該也會被他們淡忘；相反地，就算有批評我的

62・63

人，只要待在聽不到人們指責的地方，那麼我也能過得平靜安穩。

「沒錯，看來這是個好方法。」

於是我很快就志願從軍去了，而且一去就是三年。

不過因為軍隊裡過著的是團體生活，所以我一點也沒辦法思考學術研究的事情。

撐過了無趣的軍隊生活，一直到退役那天，我才覺得自己終於得到解脫。

「現在終於有充足時間去盡情思考了！」

我在數學界裡所發表的理論中，最為人所知的就是「坐標平面」。所謂的坐標平面，就是在坐標內標示出移動點的位置，而坐標則是將兩條線畫成十字，並在該處以數字標出所在點，藉以掌握位置。

我是在偶然的一個契機之下，開始研究坐標平面。

某個夏日，我正閱讀數學書籍，但看到一半就不小心睡著了。還記得那時房間裡的書本亂七八糟丟滿地，儘管如此仍安然躺在床上呼呼大睡的我，彷彿聽到什麼聲音而驚醒。

笛卡兒

「嗡，嗡，嗡。」

「嗯？是什麼聲音？有蚊子飛進來了嗎？」

我實在是懶得爬起床，所以只是用手在耳邊揮揮，但那個嗡嗡聲響就是不消失。

「這蚊子還真黏人。」

我翻了好幾次身，最後還是睜開了眼睛，心裡想著一定要抓到這隻煩人的蚊子，這樣我才能好好入睡。

結果等我一睜開眼睛，發現在我身邊飛來飛去的是一隻蒼蠅。

「什麼嘛，是蒼蠅呀！這抓得到嗎？」

但我真的太懶得起床抓蒼蠅，結果就只是一直賴在床上想著要抓不抓。雖然我心裡想著應該趕快把這隻蒼蠅抓起來，可是我整個人懶洋洋，實在不想動，只是一直想著「再躺一下、再讓我躺一下」，勉強翻了翻沉重的身軀。

但這隻討厭的蒼蠅彷彿是故意惹火我般，不停在我眼前飛舞。

「可惡！居然飛得這麼開心！」

我一直盯著蒼蠅飛舞的樣子，總覺得牠是以一定

64·65

的形態飛舞，但又覺得好像飛行姿態時有不同，看著看著，我反倒好奇了起來，不曉得蒼蠅是否依照同一法則來動作，又或是隨意到處亂飛，最後甚至還想用數字來標示蒼蠅飛行的動線。

「要怎樣用數字來標示蒼蠅飛行的動線呢？」

我癡癡地望著蒼蠅，就這麼喃喃自語了起來。

這就是促使我思考出坐標平面的契機。

我把蒼蠅移動的每一個點連結起來，然後開始思考如何以數學方式來呈現這樣的動線，雖然這件事情看似單純，但對我來說，卻有很大的意義。

其實現在回過頭來想，我還是不知道為何當初會想把蒼蠅的飛行動線以數學方式標示出來，但可能就是因為我喜歡用數理方式來證明萬物，才促使我著手研究這項理論。

不久之後，當我完成這個研究並對外發表論文時，我獲得了不同於當初發表《音樂提要》所得到的迴響。

「居然能想得出這個理論，果然是位了不起的數學家！」

我開始獲得眾人的稱讚，而且其他數學家也重新評

價我的研究結果，並給予肯定。

「這就是數學與音樂的差異啊！」

由於這次獲得不同於之前發表《音樂提要》時的反應，我著實吃了一驚，但同時也感到十分欣喜。就這樣，我開始獲得數學界的矚目，同時也再次站在世人面前，終其一生都為了坐標平面的研究與發展而努力。

我所研究的坐標平面，日後以解析幾何學為名流傳至今。解析幾何學是幾何學的一種，能夠證明物理學說，也能夠說明數理上點的變化。

所以人們都稱我為解析幾何學的創始者。

孩子們，你們覺得要怎樣學習數學才好呢？

雖然認真解數學講義裡的練習題很重要，但書中的數學考題絕非數學的全貌。

就像科學家靈機一動而發明出物品來一樣，對數學家而言，也有瞬間產生靈感的那一刻，但靈感絕對不是從書本裡獲取而來。

我想告訴你們，書中的理論固然重要，但對於現在的你們來說，最重要的是數理思考，也就是不管針對任

笛卡兒

何事物，都能用數學的方式去觀察與思考。

　　科學家有科學家的思考方式，音樂家也有音樂家的思考方式，而數學家當然也有數學家獨特的方式。如果是從事音樂的人，當他在看到蒼蠅飛舞時，心中所想的是如何用樂譜來呈現出蒼蠅飛行時的輕快動作，而我想用數理方式去證明蒼蠅飛行路線也是相同道理。

　　你們還小，卻擁有無限的想像力，如何去揮灑想像力就是你們該去努力的部分。

　　我希望你們能像我一樣，甚至比我還要更懂得觀察萬物，哪怕是再平凡的事物，只要試著以數理方式去思考，必定能為你們開拓數學新章打下穩固的基礎。

　　請你們現在就觀察生活周遭，並對看似平凡的東西懷抱疑問，每個疑問必能成為照亮你們未來成長路上的燦爛燈火。

第 6 種習慣

忍耐之苦將結出甜美的果實

美國有一位年輕的風琴演奏家,隆・賽弗蘭(Ron Severin),某日經過了一家啤酒工廠。

看到堆積如山的啤酒罐後,賽弗蘭立刻就進去找工廠老板,並告訴他自己會幫忙把啤酒罐都清理掉,老闆認為反正這些啤酒罐沒有其他用處,就爽快答應了賽弗蘭的要求。

賽弗蘭將這些啤酒罐帶回家中,並一個一個仔細擦拭與消毒,接著將罐子底部的蓋子拔除之後,將罐子全部連結起來再加以焊接。賽弗蘭把這些罐子焊接成長短不一的管子,並整齊堆放起來。

雖然整個作業過程難以獨力完成,但賽弗蘭並未放棄,一直持續這樣的作業。直到第三年的某一天,人們看到賽弗蘭利用這些啤酒罐子做成的風琴,無不瞠目結舌,全部的人都為風琴的巨大規模與雄壯音色所震懾不已。

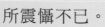

真正的數學並非都是困難又複雜

希爾伯特

1862～1943

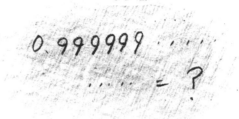

$$0.999999\cdots\cdots = ?$$

　　我是德國的數學家，希爾伯特。我主要研究的是數學的基礎，你們現在所學習的自然數就是我當初的研究成果。

　　雖說是研究，但其實我所做的不過是把前人的研究成果給整合起來，並推動其發展罷了。

　　你們知道有許多數學家意外地也攻讀哲學嗎？這是因為數學是門需要找出原由並加以證明的學問，所以有許多人都具有邏輯思考與學習探究的能力。而且更重要的是，當他們自己都無法說服自己時，就會不屈不撓地努力找出理論根源，直到成功說服自己為止。

我從很久以前開始就有一個習慣，只要有什麼事情不滿意，就會反覆唸個不停，而且要是我有哪個地方不能理解，不馬上問出個結果，我絕對不會就此罷休。

　　大概就是因為如此，所以我老是把學校老師搞得一個頭兩個大。別的同學對於老師所教導的內容完全信任，但我對於每一個問題卻是再三疑惑，心裡老是想著「為什麼」。

　　「老師，為什麼會有除法？」

　　「老師，三角形的角度總和為什麼是180度？」

　　由於我不停地發問，上課的進度難以進展，老師氣得和我的父母大吐苦水。但我的父母並不認為我有錯，這並非只是因為他們是我的父母才不責怪我，而是因為他們認為發問本身並沒有任何過錯。

　　「比起一味地背誦，引導孩子去理解事情本質不是更好嗎？就算很多人都知道三角形的角度總和是180度，但是卻沒有幾個人知道為什麼呀！如果只是要背誦的話，那麼在家裡就可以背，不是嗎？我們認為學校本來就該好好向學生說明每個問題的道理。」

　　我的父母反而這樣回應老師，還好老師也尊重他們

希爾伯特

的意見。

在我的父母離開學校以後，上課方式有了一點變化。老師會先針對上課內容進行說明，確認孩子都能理解之後，才會再繼續講解其他內容。

那時老師教會我們加法與除法的原理，幫助我們更能了解數學的樂趣，我想我會這麼喜歡數學，大概就是從那個時候開始的。

我曾在柯尼斯堡大學與哥廷根大學擔任教授，學生們多喜歡數學並想要有系統地學習數學，多虧他們純粹熱愛數學的心，我的研究也獲得不少助益。

在哥廷根大學講課的時候，我發表了《代數數論》與《數學基礎論》等論文。

所謂的代數數論，簡單來說就是整數定義的說明，也就是依照自然數、小數、單數、雙數等各種數字的特性來相除數字的方式。而數學基礎論則是針對數學基礎的計算方式進行探究而成的理論。

我所發表的這兩種論文，是所有學習數學者最初所要了解的數學基礎。

不過數學這門學問越學越有趣，卻也會越學越困

希爾伯特

難，只要題型開始變得複雜，就會激起人想要解題的挑戰心，但也會因為困難而讓人想要放棄。所以我總是努力讓學生們感受到學習數學的樂趣，讓他們不會覺得數學艱難。

來說說我跟學生們講了什麼有趣的故事吧！

有間名叫「無限旅館」的大型飯店就位在某觀光勝地裡，其名「無限」就如同字面上的意思，代表無窮無盡之意。這間飯店總是賓客如雲，但飯店經理不管遇到什麼狀況，一定都能為投宿旅客安排住房。

某日，又來了新的旅客。

「唉呀，房間都滿了，這該怎麼辦才好呢？」

正當櫃台值班人員露出尷尬的表情，不好意思地和客人說明房間已滿時……

「等等！」

飯店經理突然出聲。

「現在馬上為您安排房間，請稍候。」

聽到飯店經理這麼告訴客人，值班人員緊張地都跳了起來。

在客房全部住滿的飯店裡，經理究竟要如何騰出空房來呢？

此時，飯店經理開始播放室內廣播：

「很抱歉，由於業務上的疏失，各位客人的房間號碼都少了一號，煩請各位客人確認您的房間號碼，並移動到下一個號碼的房間。」

房客在聽到廣播之後，紛紛移動到下一個號碼的房間，而剛剛才來投宿的旅客則得以入住一號房。

你是不是覺得這太不像話呢？那麼請你重新回想一下這間飯店的名字，這間飯店叫做無限旅館，所謂的無限就是無窮無盡，也就是說，這間飯店擁有無限多間的房間。

可是，過沒多久，又發生了更棘手的狀況。這次是團體客人前來投宿。

「這次總該拒絕了吧？」

職員們瞥向經理，心裡都認為經理這次應該會拒絕客人，沒想到經理看到絡繹不絕的人潮，嘴角依舊掛著笑容。這次，經理是這樣向館內客人播放廣播的：

「各位客人，真的非常抱歉，房間號碼又不小心出

希爾伯特

了差錯，現在請各位客人移動到房號為目前所在房間號碼乘以2的房間。」

投宿中的房客只好再度收拾行李，移動到房號為現在所在房間號碼乘以2的房間，如此一來，房號為1、3、5、7、9⋯⋯等的單號房就空了出來。

「好了，現在請帶領各位客人入住單號房吧。」

經理悠哉地指示值班人員。

無止盡的數目被稱為無限大。另外，在不同的條件下，可將明確已知的數字集結在一起，每一個集結對象則被稱為元素，當無限個元素集合在一起時，就稱作無限集合。反之，若是有限的元素集結在一起的話，就稱之為有限集合。

我利用這個故事來向學生說明無限集合與有限集合的差異，倘若旅館房間數為有限的數量，那麼旅館在房間已滿時，就無法繼續接受新的旅客入住，相當於數理上的有限集合。因此，故事裡的「無限旅館」因為能夠無限接受旅客入住，所以等同於無限集合的概念。

這樣的說明是不是簡單又好懂呢？我一直相信隨著學習者吸收學習內容的方式，會影響數學的有趣及困難

與否。

　　一直以來，我並不去進行艱澀難懂的研究，相反地，我反而更致力於將人們輕易就能接觸到的數字，以更簡單的方式進行統整。

　　以前曾有一個學生這樣問我：

　　「老師，您不研究幾何學嗎？」

　　我反問他我必須研究幾何學的理由何在。

　　「所謂的數學，一般不是越難的東西看起來越厲害嗎？整數和基礎數學都是小孩子們學習的東西，一直研究下去的話，不就只會讓眾人輕視嗎？老師您一直以來都在研究整數和基礎數學，我覺得已經很夠了。不久之前，我曾和其他學校的數學系學生見過面，那邊的教授都在研究幾何學呢，聽得我都覺得丟臉……」

　　我聽了學生的話，不置可否地笑著回答：

　　「那麼你可以去那間學校學數學呀？」

　　我實在不想再跟那位學生繼續講下去。

　　數學這門學問有困難也有簡單之處，但絕非只有艱難的部分才能代表數學的偉大。以我而言，我希望能從事對人有益的工作，所以我致力於研究與整合數學的基

希爾伯特

礎，並以此感到滿足。因為基礎是非常重要的一環，只有打好基礎的人，在日後深入學習數學時，才能快速理解。相反地，基礎不好的人一旦進入艱澀的部分，在當下就會輕易放棄數學；既然如此，我想我沒有理由去教授這些無視基礎，並一味認定難度較高的數學才是真正數學的人。

你們認為學習數學時，什麼是最重要的呢？

我並不希望你們侷限自己必須學習什麼樣的數學，數學之深，仍有許多部分是你們未知的領域，應該要盡量廣泛接觸，並從中挑選自己最擅長的部分加以鑽研。

不過，關於數學這方面，首要就是對於數學的想像力，也就是解題的想像力。真要說起來，想像力可以比學寫字困難，也可以比學寫字簡單。

數學裡有無數的公式，思考該如何從中挑選適合的公式代入並求解，靠的就是想像力，而非單純背誦就可解開各種複雜題型。

另外，學習數學講求專注力，也就是專心解題的能力，只要具備了想像力與專注力，相信任何人都能成為偉大的數學家。

第 7 種習慣

不要害怕失誤

某位富豪家裡有名善良誠實的僕人，那名僕人每天都會背著擔子到山裡挑水回來，日復一日、從不怠慢，而且每次一定是把擔子兩側的水桶都裝滿了水。

某一天，其中一側的水桶出現裂痕，使得以前只要花半天就能挑回來的水量變成需要花上一整天才能完成，於是這名僕人便老實地和主人報告這件事情：

「都是因為我的粗心大意，才導致水桶裂開，沒有辦法快點把水挑滿帶回來，請您原諒我。」

主人聽了之後，仁慈地告訴他：

「不要失望，看看你走回來的路上，那些從水桶流出來的水流經之處都開滿了美麗花朵呀！」

僕人回頭一看，他走過的路上果然都開了許多美麗的花朵！

找出隱藏於數字裡的意義
拉馬努金

1887~1920

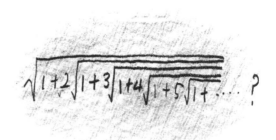

$$\sqrt{1+2\sqrt{1+3\sqrt{1+4\sqrt{1+5\sqrt{1+\cdots}}}}} = ?$$

　　我叫做斯里尼瓦瑟・拉馬努金，雖然我是印度人，但我學習數學的地方在英國。

　　我出生當時，印度還沒有多少地方能提供學生有系統地學習數學，而且老實說，在印度這個貧窮的國家裡，上學讀書這件事本來就是個很大的負擔。

　　印度是個窮人比富人還多的國家，多數人面臨著飢寒交迫的苦境。

　　這樣的狀況再加上嚴格的種姓制度箝制，就算只是出生在一般平凡家庭的我，和絕大多數人相比也算是個幸運兒。此外，隨著階級身分之不同，每個人就學的機

會也有所限制。

在我八歲時，某天剛下班回到家的父親一臉不高興地說：

「今天我太累了，所以搭計程車回來，車牌號碼是4949，不吉祥的數字還重複交疊，害我搭車的那段時間都覺得很不舒服。」

父親所指的不祥數字就是一般東方人都討厭的數字4，因為這個數字代表死亡。大概就是因為看到數字4重複出現，所以父親才會覺得這麼不舒服。

「不過就是數字罷了，你不要想太多。」

母親溫柔地安慰父親。

我在一旁安靜地聽著父親抱怨，突然間閃過一個念頭，我趕緊告訴父親，他口中的不祥數字反而會是個好兆頭。

「好兆頭？你又知道些什麼了？」

父親用一副不可置信的表情看著我，並嘆了一口氣，想來是覺得我胡言亂語，所以我趕快告訴他：

「4跟9分別是2和3自乘兩次得到的數字，而49則是7自乘兩次得到的數字，可是7是幸運的數字，車牌上

拉馬努金

顯示的這四個數字是兩個7自乘的結果，這分明就是要給父親您帶來加倍的好運呀！」

原本聽著我說話的父親突然問我：

「你是跟誰學習乘法的？」

「隔壁的姊姊，她有教我簡單的九九乘法表。」

父親顯然不太相信還沒上學的我，居然已經懂得數字計算的方法。

「所以你都背起來了嗎？」

「對！我可以從1背到9的乘法唷！我背給您聽好嗎？」

「啊，不用了。」

父親先是以一副驚異的表情看著我，但隨後便慢慢綻放微笑，並輕輕摸著我的頭。

我那時還不知道為什麼父親會用那種表情看著我。

過了好一陣子，我才知道原來當時和我同齡的兒童根本不會背誦九九乘法表，加上原本我就是個很晚才學會說話，也很晚才學會識字的孩子，所以父親一直很擔心我的智能發展，沒想到我居然出乎他的意料，比同齡兒童還早學會背誦九九乘法表，父母為此都感到開心。

我的父母意識到雖然我很晚才學會說話，但卻很早就懂得計算數字。

　　從那天以後，父母就讓我閱讀不少數學書籍。不過他們並非希望我能成為一個偉大的數學家，或是成為能夠留名青史的偉人。

　　「我希望你以後可以成為對他人有所幫助的人，也要懂得自己照顧自己，這樣我們就滿足了。」

　　父親經常這樣告誡我，而我也將他的話銘記在心，並努力用功讀書。

　　我開始正式學習數學是在我12歲以後。有一天，我正在閱讀爸爸給我的數學書籍，而那本書啟發了我成為數學家的夢想。

　　「聽說這本書是知名數學家的著作，我想很適合你閱讀。」

　　那本書的內容與「平面三角法」有關，是我還無法理解的內容，所以一開始我只把那本書當作是無聊殺時間用的閒書。

　　「平面三角法到底是什麼呢？」

拉馬努金

可是越去了解這個陌生的「平面三角法」，就越覺得這是個驚人的理論。所謂的平面三角法，一如其字面上的意思，是有關於存在於平面上之三角形的計算方法，而那本書的內容不僅收錄了平面三角法的原理，連複雜又艱深的公式詳解也一併列入。

從那時起，我就對閱讀數學家的論文產生起興趣。

「爸爸，您可以買這期的數學雜誌給我嗎？」

每當父親有事進城時，我就會拜託父親買書給我，雖然當時的書價對我們來說是個負擔，但父親總是答應我的請求。

在一本又一本的數學書籍中，《純數學的基礎結果概要》這本書讓我再度陷入純數學的魅力之中。

日後，我因為出色的數學才能，獲得獎學金進入貢伯戈訥姆國立大學就讀。

「你一定可以的！」

「我們相信你能做到的！」

在我出發前往學校宿舍當天，家人們為我送行並替我加油，我心裡也下定決心，一定要用優秀的成績來報答他們。

拉馬努金

沒想到，大學生活卻與想像中的天差地遠，因為除了數學以外，還有其他課業壓力把我壓得喘不過氣來。

　　「為什麼除了數學，我還得讀其他科目啊？」

　　我的不滿日益增高，也越來越無法集中精神在數學以外的科目上。

　　「你，等等來找我吧！」

　　第一學期快結束之際，數學教授把我叫去，我認為自己不可能在數學科目上犯錯，因此坦然地走入教授辦公室。教授走到我的面前坐下，並用非常尷尬的表情看著我：

　　「你的數學很好。」

　　「啊，是。」

　　不知道教授到底想跟我說什麼，居然先稱讚起我來，只是不管怎麼聽，我都不覺得他要跟我說啥好話，畢竟教授的表情看起來實在太陰沉了。

　　「可是你有在認真學習其他科目嗎？」

　　「其他科目？」

　　「對，其他科目。」

　　我猶豫了一下，老實告訴教授我心裡的想法。

86·87

「沒有，而且老實說，我對其他科目一點興趣也沒有。」

「其實其他科的教授有來找我談過，他們說你在上課中只專心解數學題，也無法理解課程的內容。雖然我能理解你喜歡數學，但也還有許多科目必須學習。大學課程可不是只要攻讀單科學問就可以。關於這件事，我已經和其他教授談過了，這次可以先放過你，但下不為例，何況你還是領取獎學金的學生，希望你以後也要多用點心思在其他科目。」

「可是其他科目真的很無趣。」

我不禁回嘴反抗了教授，不過教授仍嚴厲表示大學是綜合各學科的學術殿堂，不能因為數學疏忽掉其他科目的課業。

那天之後，我開始用功學習其他科目，可是那些科目的內容卻完全讀不進我的腦子裡。

「我想讀數學，我想讀數學。」

最後我還是放棄了數學以外的其他科目，結果當然落得考試不及格的下場。但是在那之後，我就開始在維沙卡帕特南與清奈獨自進行關於分數與拆解的研究，同

拉馬努金

時也在印度數學學會誌發表我的第一篇論文，並受到眾人矚目。

後來，我把我的論文寄給英國的數學家哈迪，結果哈迪在大約兩個月後親自來訪，並邀請我一起到英國學習數學，這完全出乎我意料之外。

很快就整裝出發到英國的我，隨即投入哈迪門下，接受他的個人指導，同時和他一起進行數學研究，最後再進入劍橋大學就讀。

結果我終能以數學家的身分得到眾人的肯定，而且獲選為英國皇家學會的首位印度籍會士，這所有的一切都是我當初無法想像到的事情，猶如不可思議的奇蹟。

我在英國進行的研究比我以往所鑽研過的數理更進階，配分函數特性以及取整函數，這兩項研究結果同樣也在數學界完成發表。

就像我從父親搭乘的計程車車號去思考數字意義一樣，我認為只要你們也願意去思考每一個小數字裡所隱藏的意義，並嘗試拿那些數字進行加減乘除等各種計算，總有一天，數字裡的魔法肯定會引領你們成為「數學天才」。

第 8 種習慣

所有事情都要積極參與

有位出生於貧窮家庭的少年，從十歲起就得休學
去工作賺錢養家。

當這名少年長大以後，為了和他心愛的女友結婚，前
往拜訪了女友的父親，結果女友的父親這麼告訴他：
「那麼，我有幾個條件。第一，你必須有一棟自己的
房子。第二，你必須有一定的銀行存款。第三，你每
個月都要有一定的收入。只要你能達成這三項，我就
答應你們結婚。」

於是他便努力工作，想盡辦法達成未來岳父所開的條
件，最後甚至完成了許多人都認為不可能做到的事情，
讓人刮目相看。

他會如此積極工作的理由是因為他懷抱著希望，而當
時這位積極向上的青年，就是日後美國的傳奇企業家，
亨利·凱澤。

金錢與名譽並非一切
萊布尼茲

1646 ~ 1716

　　你們有想過成為一名數學家，應該具備什麼資格嗎？

　　在我的那個年代，不管是數學家也好，科學家也罷，學術研究基本上都是會讓人餓肚子的職業，所以若是要做學問，就等於得賭上自己的身家，絕非一件容易的事。

　　雖然由我自己開口來講這些事情，實在是很不好意思，但不管是為了我或是為了想成為數學家的你們，現在我要跟你們講講我自己的故事。

「我們萊布尼茲真的很厲害,憑你的成績,應該可以拿獎學金進入中學就讀啦!而且你的數學又特別好,要不要考慮走數學這條路呀?你一定可以成為一位偉大的數學家!」

在我讀小學的時候,老師是這麼稱讚我的。只不過,那個時候我根本沒有想要成為數學家的念頭。

「雖然我很喜歡數學,可是我不想成為數學家,我比較想去工作賺錢。」

那時我家很窮,為供我上學唸書對家裡造成很大的經濟負擔,所以我一直想去工作賺錢,而且我聽說數學家是個賺不了錢的職業,大部分的數學家都過得窮困潦倒,所以我一點也聽不進老師的建議。

老師聽了我的話,雖然有點吃驚,但還是一直勸說知名數學家不僅能夠賺到錢,還能獲得名聲。

「可是我還是不想成為數學家。」

不管老師都麼努力勸說,我就是不願意。

更重要的是,只專攻一樣東西實在太無趣了,我比較想廣泛學習,多學得不同領域的知識。

我想了解的東西有很多,我才不想只把目標定在

萊布尼茲

「數學家」這個職業上，然後放棄其他的可能性！

有些人會說我太現實，但我並不這麼想。

試著想想看，比起只鑽研一樣東西，學習更多知識不是更能幫助我們體驗不同事物嗎？

所以在那之後，除了數學以外，我還研究有關法律、政治、歷史、文化、邏輯、形上學等不同領域的知識。另外，我認為將所研究的東西傳授給眾人才是最重要的事情。

就在某一天。

「萊布尼茲你的字寫得真糟，你最好要多多練習如何寫字。」

審查我論文的學術會職員當著我的面嫌我字寫得醜，沒人看得懂我的字。

「只要我看得懂不就好了？」

他的話雖然讓我有點心慌，但我還是這樣回答他。我心想，反正上講台進行講課的人是我，又不是他們，這又沒什麼大不了的。

聽到我這樣回答，學術會職員緊張地說：

「你這個論文不是要交給學會的最終版本嗎？學會這邊的人要閱讀審查論文時，一定會讀得很辛苦的！」

一開始，我聽不懂職員在說什麼，完全無法理解他的意思。

我反問職員他說的是什麼意思，結果他拿出我的論文，指著上面畫不直的線，還有那些看不出來是數字還是圖表的內容給我看，我才終於了解職員話裡的意思。

「哈哈哈，那不是要交給學會審查的稿件，那只是我今天發表用的草稿。」

其實職員指給我看的稿件，只是我撰寫論文時先擬定的草稿而已，因為那時我打算在演講完後再做一些補充，然後再提交正式的稿件給學會。

職員聽了以後也點點頭，表示理解我的意思。

老實說，我的大部分論文都是在奔馳中的馬車裡寫的，而且我搭乘的還不是別人看到的那種高級馬車，而是連擋風屏障都沒有、看起來就像貨艙的簡易馬車。

這是因為當時我忙著到各處演講，實在沒有足夠的時間可以好好坐在書桌前寫論文，畢竟我的經濟狀況不允許我優雅地只專注在學習上。不過儘管如此，我也

萊布尼茲

不想要因為生活困苦就放棄讀書學習，所以哪怕有點勉強，我也會盡量到各地進行演講。

也就是因為忙著行走各地，我長時間都在馬車上度過，所以只能利用那段時間編寫論文。

「與其浪費這些時間，不如拿來整理一下腦子裡思考的東西。」

本來我只是單純地用這段時間將腦海裡思考的各種公式記錄下來，不過隨著日子越來越久，思考範圍也越來越大，最後乾脆直接趁機擬定論文的草稿。

仔細想想，我帶到演講會場的講稿，有絕大部分都是在馬車上速記下來的，看起來就跟鬼畫符沒啥兩樣。知道詳情的人，都是這麼說我的：

「萊布尼茲的最大發現都是在馬車上完成的。」

在我的研究中，首要部分是函數。函數是我率先導入數學裡的項目，而函數的研究中又包含了定義域上每一點連續的連續函數，以及輸出值像機率般呈現突然跳躍的不連續函數。

當我經歷過各種學術研究，並逐漸以數學家身分在

學界中占有一席之地時，我成功製造出計算機並廣獲世人好評，人們都稱讚我是超越帕斯卡的偉大數學家。

　　也因此，我不僅成為一名家喻戶曉的數學家，同時也收到來自各地希望收購計算機技術的邀請，得以改善困苦的生活。其實，當時光是獲得這些邀請，我就已經感到相當滿足。

　　經濟狀況日漸改善後，我終於能過上和以前窮苦時期略有不同的生活。

　　大概就是在生活改善之際，某位有權有勢又以熱中投資藝術家和學者而聞名的貴族，向我表達願意提供資助的建議。

　　那位貴族提出的資助金額足以讓我過上不亞於貴族的好日子，對於年輕又有雄心壯志但卻坐困貧窮生活的我來說，無疑是讓我擺脫貧苦的一條途徑。

　　我想都沒想，毫不猶豫地接受了他的提案，而且從那時候起，我也運用了我的法律知識來幫他管理資產。

　　只不過在那之後，過慣了奢侈生活的我竟疏忽了學術研究，最後面臨即將被踢出學界的危機。當時有許多

96.97

學者不再單純埋首學術研究之中，反而更熱中於吸引大眾矚目，並陷入金錢的誘惑，一心只想擠入上流社會或提升自己的地位。然而只要一開始追逐名利，就不可能再以學問為優先，不管任何一切，皆以自身利益為主，所以就算是大數學家或是曾有任何新創舉的學者，最後都會失去心中的熱情與當初對於學問的初衷。

等年紀漸長，已在歧路上的我才終於領悟到，就算當初生活再不濟，專心致力於探究數理的我有多大的熱誠、那時我所完成的一切是多麼地了不起。

如果時間可以重來的話，我想回到被名利誘惑而不可自拔之前，並專心致力研究數學的發展。

不過現在才後悔也徒勞無功。

人們總是這樣形容當時的我：

「這個人的數學天賦在綻放之前就已凋萎，如果當初他能遠離金錢的誘惑並專心做學問的話，肯定會比現在更知名，也會留下更多成就。」

你們會想成為數學家，一定是因為熱愛數學，雖然人難免會陷入誘惑之中，但我希望你們不要忘記，身為

萊布尼茲

一個數學家所擁有的自信心能打敗其他誘惑。也希望你
們能一直保持身為數學家的榮譽心，成為一名真正的數
學家。

98.99

第 9 種習慣

發揮隱藏的能力

瑞士的白努利家族以優秀數學家輩出而聞名。

這個家族率先出名的數學家為雅各・白努利與約翰・白努利，他們雖然是兄弟，但也彼此競爭，兩兄弟制定出微積分學上的多樣應用法，為微積分的發展帶來許多貢獻。另外，他們也常和萊布尼茲互相交流，一起研究數學。

約翰・白努利有三個兒子，這三個兒子日後也成為知名數學家，其中第二個兒子丹尼爾又以機率論和流體力學的研究而聞名，是這三個兒子中最有名的一位。

至於小兒子約翰・白努利二世，原本攻讀法律，但後來對光與熱的數學理論產生興趣，於是轉向研究數學，並成為一名數學教授。而他的兒子約翰・白努利三世，也和父親一樣由法律轉向研究數學，主要研究純數學與不定方程式。

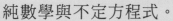

運用**想像力來解決問題**
歐拉

1707 ~ 1783

　　我出生於瑞士，從小時候起就很喜歡讀書，是個啃書蟲，只要一讓我開始讀書，就會專注在其中到廢寢忘食的程度，所以家人總是為我的這種習慣感到擔憂。不過，多虧於父母很看重讀書學習這件事，所以我可以盡情地學習。

　　「如果是想讀的就儘管讀吧，你現在所讀的東西一定會為你的人生帶來很大的幫助。但是，為了健康著想，你可不能讀書讀到忘了吃東西，讀書也要健康有體力才能持續下去呀！」

　　在眾多科目之中，我最喜歡數學，總是運用許多想

像力來解題。

　　人們都說這樣的我是「用奇妙技術來解題的數學魔術師」。

　　進入大學之後，我經由父親的推薦，投入約翰・白努利門下學習數學。那個時候，我一個禮拜內幾乎所有時間都在用功學習，到了週末時，則前往拜訪白努利老師，向他詢問一些自己未能解開的題目。只是我太常去叨擾白努利老師，有時他會對我感到不耐煩，所以就算手頭上有解不開的題目，我也會盡可能嘗試自己解題，後來老師因為看到我這種絕不放棄的韌性，也認可了我的才能。

　　聽說我所制定的計算方法及規則流傳至今，仍為所有學習數學的學生所使用的定律，我感到相當開心。

　　在法國巴黎，數學家能獲得的眾多名譽獎項裡，其中之一就是法國科學院所頒發的獎項，想要獲得學術院的獎項，必須要能解開連許多聰明數學家也難以解開的問題。

　　雖然許多人都想挑戰那個獎項，但是因為題目太

歐拉

難，不禁為之卻步。可是我和他們不同，我敢於挑戰，因為我相信自己的數學實力。

「我一定要得到法國科學院獎。」

我和朋友聊起這件事，全部的人都大吃一驚，還笑我不知好歹。

「我才沒有不知好歹呢！我不過是認為這值得挑戰，而且我相信自己有比別人更優秀的數學才能，你們也認可了我的能力，不是嗎？」

「就算你的能力再好，那個題目也不是你說要解就解得開的啦！本來就是設計成無法輕易解決的題型，不是嗎？」

朋友們反而擔心我貿然挑戰會因此受到打擊。他們都認為我對自己的計算能力太有自信，要是一旦挑戰失敗，我一定會感到挫折。可是我依舊信心滿滿，相信自己一定能通過挑戰，解開那個難題。

「不都同樣是人所創出來的題目嗎？怎麼可能會解不開呢？」

我不顧朋友的勸阻，逕自前往法國科學院。

沒想到這成了我之後所有不幸的開始。

據說要解開法國科學院的題目，通常需要花上好幾個月的時間，當我一拿到學士院的考題，心裡不禁緊張了起來。

　　「這題目也太難了吧？不過，沒有什麼是不可能的！」

　　我下定決心一定要解開題目，而且為了不在計算過程中犯下任何錯誤，我努力睜大雙眼，認真解題。

　　「我終於解開了！」

　　我整整三天三夜都沒入睡，集中全部心力來解題，當我解開的那一瞬間，忍不住伸起懶腰並叫出聲來。我隨即將解答裝入信封，並回寄給法國科學院。

　　「什麼？歐拉已經把解答寄回來了？」

　　法國科學院這下可鬧成一片，他們根本沒想到我竟會在三天內就完成解答。

　　「要是找到錯誤，看我還不好好嘲笑你一番！」

　　科學院裡甚至有人認為我只是隨便亂作答。

　　不過當解答批改完畢，他們全都啞口無言。據說當我的答案發布時，就連負責出題的數學家也驚訝地說不出話來，因為我的答案與正確解答完全相同。

「這真是奇蹟。」

「到底是怎麼在三天內完成的？真是太厲害了！」

「歐拉真是個天才！」

人們紛紛稱讚我的數學才能，而我也因此成功奪下法國科學院獎。

不過短短的三天，我的人生就有如此大的轉變。

在那之後的某一天，我完成解題之後不由得沉沉睡去，等我醒來以後，發現狀況似乎與平常不同。

「為什麼看起來白濛濛一片？」

我的眼睛和平常不一樣，好像卡了什麼東西在上頭，所有東西看起來都白濛濛一片，不管我再怎麼揉眼睛，視線模糊的狀況還是沒有改善。

我慢慢從床上坐起身來，但奇怪的是，身體一直無法平衡，就連眼前的一切事物看起來都失焦。雖然我小心翼翼地緩步移動，但每走一步都會撞到椅子或牆壁，最後整個人從樓梯上跌下去。

我馬上請醫生來為我診查病狀。

「呃！你近來有發生什麼事嗎？」

104‧105

我告訴醫生我通宵解數學題的事情後，醫生輪流檢查我兩隻眼睛，並非常遺憾地告訴我：

　　「你的右眼完全沒有反應。」

　　「什麼？沒有反應？」

　　「我認為你應該已經失去右眼的視力了。」

　　那一瞬間，我根本無法理解醫生在說什麼。

　　「我的眼睛到之前為止還好好的呀？怎麼會突然間看不到了？」

　　我向醫生抗議，但醫生這麼回答我：

　　「眼睛這器官本來就很敏感，有很多人在極度緊張的狀態下，或是受到衝擊的時候，都會因此而失去視力。就現在而言，醫學上還沒有任何可以治療的方法，這點我也很遺憾。目前你的左眼仍有視力，希望你能盡早適應用左眼去看東西。」

　　醫生離開以後，我呆坐了好一陣子。

　　對於習慣用雙眼看東西的我，實在無法想像自己會失去右眼視力。

　　失去平衡感的我，不僅視野變得狹小，同時也很容易感覺疲勞，再加上左眼的狀況也不如以往，從那天之

後，我的世界就變成霧濛濛、灰白一片的模樣。

　　儘管如此，我依舊沒有放棄學習。

　　我一樣會在腦子裡進行計算並撰寫論文，比起以前，反而更加用心研究數學，而且過得更加充實，後來我所發表的論文，也比以前更獲得大家的讚賞。

　　我很喜歡講數學的故事給孩子們聽，所以和其他許多孤獨終老的學者相比，我在某方面過得更加幸福。我想，我之所以並未因為失去視力就放棄數學，也是因為有家人相伴，讓我的生活一直都很幸福的緣故。

　　你們知道什麼才是真正的學習嗎？我認為學習是一種自己與自己的戰鬥，只要能保有熱情並認真去努力，那麼不管遇到什麼困境，最後一定都能獲得自己想要的結果。

　　往後你們在學習更加艱深的數學公式時，一定也會遇到更多的困難，但我想告訴你們，一定要保持自信，眼前所面對的這些困難，不過是為了考驗你們的意志力罷了。

　　學習數學時，最重要、同時也是最需要的就是想要

歐拉

學習數學的意志與決心。只要你們有無論如何都不放棄數學的意志，以及無論遇到何種狀況都不放棄學習的決心，總有一天，你們一定也能成為人們記憶中的偉大數學家。

所以一定要認真努力，即使因為各種狀況而變得虛弱，也千萬不要輸給自己，堅定的決心定能成為引領你們走上燦爛人生的明燈。

第 10 種習慣

凡事不要先感到膽怯

我們永遠無法預知接下來會發生什麼事，所以原本好好的一條腿，有可能會突然斷掉；一夜之間也可能突然發生大地震，使得大海嘯襲擊原本美麗的海岸。

我們總是會對自己沒有經驗過或不熟悉的事物感到恐懼，所以不敢挑戰自己不擅長的事情，總是想要尋安逸之道，但其實這樣的想法並不是很好。

從國外進口漁獲時，常會發現送來的生魚已經死亡，這是因為魚隻處在船內狹小的水槽裡，很容易因為壓力與沒有力氣而死亡，然而若在水槽裡放入魚隻的天敵，那麼牠們會為了逃避天敵的捕捉，不停游泳保持活動狀態，一路活到目的地。

所以，就算眼前遇到困境，也絕對不要感到害怕，試想，唯有暗夜才能看到美麗的星星，是同樣的道理。

真正的數學就是遊戲

泰勒斯

B.C. 624? ~ B.C. 546?

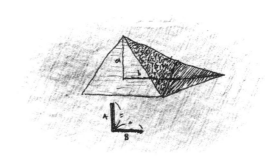

　　你們認為數學是什麼呢？我認為數學就是一種遊戲。我想我這麼說，你們一定會反駁我吧？那是因為大部分的人都認為，數學就是一種必須解開複雜數字的困難學業。

　　可是每當我聽到人家這麼說，我腦子裡會馬上出現這樣的疑問：

　　「為什麼看到數學就只會想到學業呢？」

　　不管我怎麼想，我始終認為數學就只是數學，是有趣的日常而已，我從未將數學想做是學業的一種。

　　在數學的眾多公式之中，並沒有可以套用在任何地

110·111

方的絕對公式，每個不同的狀況都有對應的計算方式，而數學家所要做的，就是針對各種狀況找出其中對應的方式。

我是泰勒斯，人們稱我為「希臘七賢之一」。

我被人稱作是數學家的理由，是因為我就是將數學建立成演繹學科的人。而我最為人所知的一項事蹟，就是使用比例式算出金字塔的高度。你們知道什麼是比例式嗎？

舉例來說，有個算式標示成1：2 = 3：x 這樣的形式，用在表示給1個人2個麵包時，那麼該給3個人多少麵包時，這樣的算式就是所謂的比例式。

對你們來說，比例式可能還稍嫌困難，不過當進入國中或高中以後，就會學習相關的演算了。

故事發生在我旅行埃及時。由於當時與希臘距離遙遠的埃及仍是未知的世界，所以埃及一直都是我想去探訪的地方，而且埃及是個數學與科學都很發達的國家，像我這種學者，更是夢想能親自走上一遭。

在擁有無盡沙漠的埃及旅行，是一件很辛苦的事，

泰勒斯

但我和朋友在親眼見識到那些雄壯的世界遺跡之後，已把旅途中的辛勞都忘得一乾二淨。

「啊，那裡有金字塔！」

「原來那就是金字塔！」

在炎熱沙漠之中旅行的我們，終於見到眼前的雄壯金字塔。據說金字塔是古代埃及國王的陵墓。

當時金字塔對我們來說，是非常神祕的存在，光是把這麼巨大的石頭堆疊起來的方法就是個無從解釋的謎題，而金字塔本身就是個巨大的數學集合體這點，更是衝擊世人。

「太厲害了！到底要用多少數學公式，才能把這些巨石毫無間隙地堆疊起來呢？」

我看著金字塔，不由得讚嘆不已。

當時因為有軍人駐守在金字塔前，所以我們無法進入金字塔內部，但光是在外頭觀賞，就能了解金字塔是多麼地雄偉。

我看著金字塔，突然腦海裡閃過一個念頭。

「金字塔的高度究竟有多高呢？」

由於金字塔受到徹底的管控，我們根本無法接近並

進行測量。

「你知道金字塔的高度有多高嗎？」

我問朋友知不知道金字塔的高度，正為眼前金字塔神魂顛倒的他，轉頭用驚訝的表情看著我。

「你沒頭沒腦地在說什麼？」

「我好想知道金字塔的高度是多少，有什麼方法可以得知呢？」

「為什麼突然問起金字塔的高度呢？」

「就很好奇嘛！我好想知道那麼巨大的建築物究竟有多高。」

我心想，也許在我沒讀過的書本中，有描述關於金字塔相關資訊的書籍，所以再次詢問朋友知不知道這些訊息，不過朋友一臉為難的表情，告訴我沒有哪本書有記載這些資料。

此時，附近剛好有一位埃及人。

「請問您知道那座金字塔有多高嗎？」

結果那位埃及人一臉驚訝地搖了搖頭：

「我想可能連埃及人都不會知道金字塔有多高。」

聽到那人這樣回答，失望的我陷入苦惱，到底有沒

114・115

有什麼方法能夠得知金字塔的高度呢？

　　我滿心的遺憾，再次回過頭看金字塔時，赫然間發現金字塔的影子正朝我的方向移動。

　　「對了，太陽西下的同時，金字塔的影子和我的影子長度也會改變。這樣的話……」

　　那一瞬間，我突然想起了比例式，只要把我的影子與金字塔的影子依照一定的比例去換算的話，理論上應該能求得金字塔的高度。

　　為了計算出我的身高與影子長度，我拜託朋友幫忙測量我的影子有多長，朋友被我這突如其來的請求嚇到，滿臉困惑地說：

　　「怎麼又突然說要量影子長度了？你這古怪的性格真是折騰人耶！」

　　「總之，你趕快幫我量，我等等再說明給你聽。」

　　我催促著朋友快幫我測量，只見他嘆了一口氣後，默默地開始動手進行測量。

　　接下來，就輪到金字塔影子的長度了。

　　我跑到金字塔那裡，並告訴駐守金字塔的士兵：

　　「我是希臘的數學家，名叫泰勒斯，我現在必須進

泰勒斯

行調查，所以需要測量金字塔的影子，請問可以允許我進行測量嗎？」

一開始，士兵們不了解我在說什麼，只是彼此面面相覷，他們感到困惑是因為這是他們第一次遇到有人不是想進入金字塔內部，而是想要測量影子。所幸，他們討論了一下以後，就同意我在金字塔邊測量影子。

「既然不會對金字塔本身造成問題，那我們就同意您在旁邊測量影子，但是這件事要是讓上層知道的話，我們就麻煩了，所以請您盡快完成。」

「這當然！真是太謝謝你們了！」

我連忙道謝了幾次後，趕快測量金字塔的影子。

那麼，把我的影子長度和金字塔長度放入比例式後，會得到什麼樣的結果呢？

「我的身高：我的影子長度 = 金字塔的高度：金字塔的影子長度」

將這兩個數值代入以後，就會出現這樣的公式。公式裡的三個數值是我已經知道的，所以只要將我想知道的金字塔高度以 x 代入並進行計算即可。

「行了！金字塔的高度已經算出來了！」

116·117

我不禁高興地喊出聲來。連一直在旁滿臉無奈看著我的朋友，看到我算出金字塔的高度之後，也感到欣喜不已。

「聽說那個希臘數學家算出金字塔的高度來了。」

「太厲害了！居然能算出金字塔的高度！」

我算出金字塔高度的事情，很快就傳遍全埃及。

「果然是以聰明聞名的泰勒斯。」

以此為契機，我的名聲也在埃及廣為人知。

人們都認為我是因為擅長數學，所以才能以數理方式求出金字塔的高度，但其實事實剛好相反。

我只不過是具有一雙敏銳的眼睛，能夠觀察出隱藏在生活中的數學罷了。

我一直認為生活周遭中存在的數學，像是玩具般充滿趣味，因為有這樣的想法所以不管何時，數學都能為我帶來很大的樂趣。

孩子們，你們認為數學家是什麼樣的人呢？

我能告訴你們的就是，數學家絕非你們想像中那麼厲害的人，數學家只不過是享受數學樂趣的人。

數學是課業，但同時也是遊戲，所以我希望你們不

泰勒斯

要把數學想得太過困難，只要把它當作遊戲來享受其中的樂趣就好。

我期待有那麼一天，你們能成為偉大的數學家，並在數學史上寫下新的篇章。希望你們能繼續學習數學並享受數學，並制定出新的數理公式來。

第 11 種習慣

遊戲是最重要的學習

某位職業婦女請了一名保母來幫他帶孩子。

可是自從請了保母之後，孩子的衣服總是髒兮兮的。

「妳怎麼能讓孩子的衣服這麼髒呢？」

「因為孩子喜歡和朋友們一起踢足球、跑跑跳跳。」

結果孩子的媽媽解雇了她，並聘請了新的保母，還囑咐一定要注意孩子的衣服，不要老是弄得髒兮兮，保母聽了之後，就用盡各種方法阻止小孩子出去玩。

日子一天天過去，孩子變得越來越沒活力，也漸漸地不喜歡開口說話，最後甚至得了自閉症。

其實遊戲是最重要的學習，學術用語稱這為「遊戲人（Homo Ludens）」，指的就是盡情遊玩的人不僅能保持心理健康，同時也較能發揮創意來解決事情。

給擁有無限可能性的人們
莫比烏斯

1790 ~ 1868

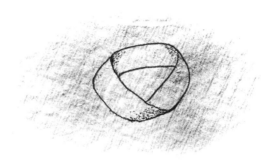

　　你們聽過「莫比烏斯帶」嗎？莫比烏斯帶只需要將一張剪成長條狀的紙條旋轉半圈後，再用膠水將兩端連接貼好即可完成。

　　莫比烏斯帶指的是一種不分前與後，且只有單面的二維曲線。而我一直致力於透過這個莫比烏斯帶來證明直線幾何學。

　　幾何學是一門研究圖形的學問。幾何學不好解釋，但這是所有數學家都曾感到興趣的一個領域。

　　我是數學家，同時也是天文學家，名叫莫比烏斯。雖然很多人都認為科學和數學並不同，但其實數學和

科學有著密不可分的關係。在數學領域中，有許多部分都是科學的基本，相反的，科學家所研究的東西，同時也是數學的原理。

　　原本我並沒有打算要成為數學家。

　　其實我的家人希望我以後能成為法官或檢察官，所以我也依照家人的希望，進入法學院就讀，不過我除了法學專科之外，也一併學習天文學、物理學與數學，後來發覺法學和我的興趣不符，為此曾苦惱許久。

　　雖然大家都說數學和科學很難，但是對我來說，用數字去證明事物卻跟簡單又有趣的遊戲沒什麼兩樣，尤其是以數學來驗證物理現象時，更是充滿樂趣。

　　你們不覺得能用數字來證明無法用肉眼看到的力量強度，是件很厲害的事情嗎？我就是著迷於此，才會深陷數學和物理學的魅力之中。

　　「你要不要跟著我學習天文學？」

　　某一天，天文學博士卡爾‧默韋德教授問我願不願意成為他的助手，當我聽到這提議時，驚訝地完全說不出話來，因為我一直都很尊敬默韋德教授。

　　「學習天文學嗎？」

莫比烏斯

「對，你的數學才能十分優秀，又對天文學很有興趣，可以來嘗試研究天文學這塊領域，相信對你會很有幫助。」

我想都沒想，立刻就接受了教授的邀請。從那時起，我就以教授助手的身分跟在他身邊學習天文學。

對我來說，可以學習如何計算那些無法以肉眼見得的宇宙空間，無論是星球間的距離，還是星球與地球間距離等知識，真的有如夢境一般美妙。

只不過，當我開始正式接觸天文學這塊領域之後，我所證明出來的東西多偏近數理，而非天文學，這點可由我針對教授發現的理論所發表的論文而知。

「奇怪，我總覺得好像還少了些什麼，到底是哪裡不夠呢？」

雖然我很喜歡天文學，也很開心能在教授身邊幫忙，但不管做再多的研究，總覺得還欠缺什麼，這種莫名的感覺著實困擾我許久。我越是覺得苦惱，就越像是陷入陰暗迷宮之中，找不到出口。

就在那時，我在研究室前遇到一位紳士，看起來既成熟穩重，態度也很溫和，他上下打量我好一陣子以

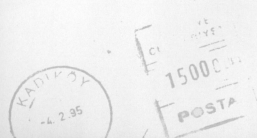

後，溫柔地開口：

「你就是莫比烏斯嗎？」

「是的，不過您是……？」

「我有話想跟你說，你有時間嗎？」

我莫名地被他的話吸引住，就這麼跟著他走。

那名紳士坐在我面前，告訴我他是研究天文學的高斯，並詢問我要不要到哥廷根進行研究，他還說自己是從別人那聽到我的故事，所以才會親自來到這裡向我提出邀請。

我聽到他的名字以後大吃一驚。

「您是高斯？」

當時高斯作為哥廷根天文臺的臺長，不只以天文學家的身分聞名於學界，同時也是一位享譽盛名的數學家。聽了他的邀請，我雖然感到困惑，卻也十分開心。

「如果你願意的話，歡迎你隨時來找我，我真的很想和你一起共事。」

高斯說完這些話就離開了。

那時我心裡有一個預感，認為高斯將會改變我的人生，所以我立刻收拾所有東西，即刻前往哥廷根與高斯

莫比烏斯

會合。

我待在高斯身邊研究天文學，一邊著手準備博士論文，另外，託同時也是數學家的高斯之福，我也日漸了解數學的樂趣。

當我成為天文學教授之後，我持續研究那些透過天文學而變得純熟的數理知識，並引入齊次坐標中的一種中心坐標，建立起投影幾何學的基礎。另外，各位有聽過「莫比烏斯函數」嗎？之所以用我的名字來命名，正是因為我是這套數論的發現者。

雖然我在天文學這領域，並未發現新的法則或新的星球，但我卻貢獻了不少心力在找出計算距離與次元的方法，這套方法之後也成為天文學的基礎。因此，現在仍有許多人會運用我所發現的函數及法則來學習科學。

我想起以前在大學裡教授學生的時期，站在講台前的我，一直很苦惱該如何將我所發現的公式用簡單明瞭的方法來說明給學生聽。

某日，當我在進行講課時，發生了這樣的事。

「所以，當我們導入這個公式時……」

「呵啊～。」

安靜的教室一角突然傳來打哈欠的聲音。所有學生都看向聲音來源處，只見那名打哈欠的學生脹紅著臉，非常不好意思地低下頭去。

在那當下，我能感受到學生們並不明白我所講解的法則，於是我放下厚厚的數學課本，開始對著學生講起故事。

「我們來聊聊以前的故事吧！以前有位國王，他有五個孩子，國王擔心這五個孩子會在自己過世後，為了爭奪王位而互相殘殺，在幾經煩惱之後，國王寫了一封遺書。」

因為不是什麼複雜的數學，學生們開始提起興趣，好奇地看著我。

「遺書的內容是要在國王過世之後，把國家分成五塊區域，但是每個區域都必須和其他四個區域相連。」

學生們聽了以後，都歪著頭苦思了起來，這問題乍聽之下似乎很容易解決，但仔細一想，就會發現這是個難題。「一塊土地切割開來，切割出來的每塊土地都得要相連或不分離，究竟有什麼方法能做到呢？」學生們

的臉上滿是疑惑。

　　請你們也仔細想想。這個問題怎麼想都不可能解決，但其實國王的這個要求卻能用數學來做驗證說明，這就是數學的魔法。

　　「各位要用什麼方式來達成國王的遺言呢？」

　　我盯著學生瞧了好一陣子後，才告訴他們：

　　「我們可用數學來完成國王的遺言，接下來就讓我來解釋給各位聽。」

　　這時數學系的學生們都專心聽了起來，為了滿足他們的好奇心，我很用心地進行講解。

　　等到下課時，有一名學生跑來我身邊告訴我：

　　「其實我平常都覺得上課很無聊，每次聽課都聽到快要睡著，但今天的上課內容真的很有趣，多虧老師，我再度學習到數學能化不可能為可能的力量。」

　　那個學生表示以後還想繼續聽我講課，而我內心感到欣慰，因為他已理解我所告訴他們的數學理論。

　　那天之後，為了讓學生更加簡單地理解數學，我想了非常多的故事範例來進行講解。

　　也是因為如此，我為了學生所寫的數學課本，收錄

莫比烏斯

了許多簡易明瞭的例題，學生們都表示相當有幫助。

你們認為學習數學的人是什麼樣的人呢？

學習數學的人，絕對不是特別的人，而且也並非只有頭腦好的人才能成為數學家，只有努力的人才能走上數學家之路。

數學的深度是從簡單的加減計算一路進階到更難的階段，所以請好好享受現在所學的數學，有朝一日，一定能開展各位的可能性。現在所做的一切努力，都能幫助你們成為偉大且擁有無限可能的數學家。

而我也非常期待你們未來的發展。

第 12 種習慣

保持自信

曾擔任奇異公司執行長的傑克·威爾許,並非從小就是個才能傑出的人。

他小時候是個說話結巴的孩子,每當他說話結巴時,母親就會這樣告訴他:

「你只是比別人說話還要快,你要記住,沒有人能跟得上你那聰明的頭腦。」

他的母親並不會責罵他,反而稱讚他,幫助他建立自信心。

原本奇異公司在 20 年前是個經營不善、搖搖欲墜的公司,但現在卻發展成世界百大企業中,經營改革名列第一的超一流企業,這都多虧傑克·威爾許執行長在每次遇到營運難題時,就會鼓起當初母親為他建立下的自信與勇氣,解決眼前所有的問題。

幾何學就是讓生活更加便利的技術
歐幾里得

B.C 330? ~ B.C. 275?

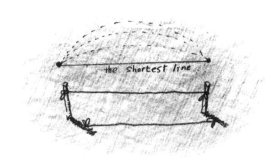

你們知道什麼是幾何學嗎？

我是出生於大約西元前330年的歐幾里得，主要研究幾何學。

幾何學簡單來說，就是計算土地大小的計算方法。

在我很小的時候，曾看見大人們想要測量土地面積，當時人們認為需要依照土地大小來給付稅金才算公平，可是他們卻不知道該用什麼基準來測量，因此陷入苦惱。從那時起，我心裡就一直希望有能夠測量土地面積的公式。

當然，在我之前已有許多數學家研究過幾何學，因

為幾何學是一種能讓人們生活更加便利的技術。不過，幾何學其實是把眼前所見的土地劃分成抽象的形態來進行測量，所以並不是件簡單的事。僅管如此，我還是相信最後我所研究出來的結果，一定可以為許多人帶來幫助，所以我一直沒有放棄，只是努力進行我的研究。

已經將幾何學完成一定程度的我，於亞歷山大里亞大學裡教授數學，在我的教職生活中，也曾發生過不少事件。

有些學生反應靈敏，也很努力用功，但相反的，也有一些學生懶散不知上進；同時也有熱愛數學與討厭數學的學生。雖然我很希望這些形形色色的學生們能夠一起參與學習，可惜這要實現並不容易，終究只是我的期盼而已。

有一次講課時，發生了這樣的事情。當我正在說明幾何學艱深的理論時，突然在這麼多眼神閃閃發亮的學生們之中，發現了一名滿臉無聊的學生。雖然我相當在意他這樣的反應，但又不希望為此打亂上課的節奏，所以只是一邊上課，一邊默默地觀察那名學生。

歐幾里得

「還好他沒睡著，也沒分心去做別的事情。可是，幾何學真有那麼難嗎？」

在那之後的某一天，因為課程比預定的時間還早結束，所以我利用剩下的時間開放同學們發問。

「到目前為止有沒有什麼地方沒聽懂？如果有的話，請你們提出來，我會針對那部分重新進行說明。」

語畢，我等待著學生的發問。與此同時，我環視教室一周，剛好與之前那名滿臉無聊的學生四目相對，他看起來好像有什麼話想講的樣子。

「仔細一想，那學生在上課時間時，表情總是很陰沉，看起來有很多問題想問的樣子。」

於是我決定先發制人。

「同學，我看你好像有問題想問，不管是什麼都可以問喔。」

我預計他大概會問一些關於幾何學的理論，或是計算法的問題，沒想到那名學生的問題卻讓人出乎意料。

「我不知道我學習幾何學的理由何在。」

那學生已經聽了這麼久的幾何學課程，現在卻開口說他不知道為什麼要學習幾何學，這讓我覺得腦子一片

空白。我無言以對，只是盯著那名學生瞧，結果他用更不滿的口氣繼續說下去：

「幾何學的理論生硬，學了以後也不知道該應用在哪裡。」

「同學，你說這些話的意思是？」

「我的意思是，幾何學和我們的生活無關，沒有可用之處。」

他言下之意，就是付了學費來這裡學習幾何學，結果幾何學卻無法為他帶來收益。

那名學生並非將學問視為一個單純的目標，而認為是一種工具，他的話著實讓我感到不悅。所以我再掃視一下其他同學，並且問他們：

「那個，誰身上有銅板呢？」

學生們對我這個突如其來的問題感到困惑，開始竊竊私語了起來。接著，有一名學生掏出身上的銅板，並問我：

「為什麼突然要銅板呢？」

於是我指了指剛剛表示不知道學習幾何學理由何在的學生。

歐幾里得

「請你把這個銅板給那位同學。」

「咦？」

拿著銅板的學生滿臉疑惑地看著我。

「那位同學好像認為，學習知識就是要能獲取金錢，所以請你把銅板給他。要是一直可惜學到的東西用不上，連一毛錢都賺不到的話，豈不是要一直苦著臉來上課嗎？」

我的聲音變得強硬，學生們紛紛轉過頭去看著我所指的那名學生並議論紛紛，而那位學生也被我的反應給嚇到，默默地望著我。

可是我心裡不想再教導那些只為了賺錢才來讀書的學生，而且我所教授的幾何學並不是用來賺取利益的工具，純粹是為了想學習的人所傳授的知識，我想大概就是因為如此，所以覺得那名學生看起來格外地討厭。

「現在請你收下這個銅板，然後離開教室，以後也不用再來聽這堂課了，我並不想教那些不把數學當作數學，只想把數學用在其他用途的人。」

呆坐了好一陣子的那名學生，臉漸漸脹紅起來，最後什麼話也沒說，收拾課本並離開了教室。

歐幾里得

老實說，我也有自覺這樣做有些過分，但我內心是真的完全不想說服他繼續學習這門課程。雖然他還年輕，但如果他要以這種心態來學習數學的話，那麼大概不管再過幾年，也不會有所改變，他的成績也不會變得更好，繼續聽課也只是浪費時間而已。

　　那天之後，那名學生就再也沒有出現在課堂上了。

　　過了一陣子，某天在我講完課，正準備要踏出教室時，發現那名學生站在門口。我雖然嚇了一跳，但仍不動聲色地說：

　　「有什麼事嗎？你是來找我的嗎？我想你應該不用再來上課了才對。」

　　他猶豫了一下，終於開了口。

　　「老師，真的很對不起！」

　　他彎下腰來跟我鞠躬道歉，表示他一開始也有點慌張，隨著日子一天天過去，就越意識到是自己錯了，雖然好幾次忍不住來到學校附近，最後又膽怯地離開，就這麼反覆了好幾次。他告訴我他很想來向我道歉，但卻遲遲不敢行動。

　　「我終於了解原來我是多麼喜歡數學，也有多麼地

想學習數學。就像老師您所說的，學習並不是為了求得什麼利益，單純只是想要享受其中的樂趣。老師，請您再給我一次機會，讓我跟著您學習，這次我不會再心有雜念，一定會專心學習。」

雖然我一開始覺得不悅，並不想答應他，但在他鄭重的道歉之下，我決定再給他一次機會，讓他重新回來學習。我相信，雖然他曾讓我失望過一次，但一定沒有下次了。

之後，他果然不負我所望，用盡心力認真學習。看著他努力的模樣，我的心裡也很是開心。

數學不僅能讓人變得聰明，更能使我們的生活變得更加便利，例如幾何學可拿來測量土地面積就是其中一個例子。

我希望你們都能和我有一樣的想法，數學絕對沒有讓人賺大錢的力量，如果只想用講求利益的心態來學習數學，必定會為你們帶來很大的考驗。不過，各位在學習數學的過程中，所經歷到的痛苦與艱難，都只是為了讓你們成為一名偉大數學家的必經之路。

歐幾里得

數學是為了自己而存在的一門學問，同時也是能夠滿足自己並幫助他人的學問，所以你們要為了自己而學習數學，而不是為了其他人。我相信這樣的學習，一定能成為讓你們前程光明的一股力量。

　　想要成為數學家，會是既孤獨又辛苦的一條路，但只要你們不放棄，總有一天，我相信一定能展翅高飛。所以請好好找出學習的樂趣，並享受其中，而不要只想著利益，將重點放在學習本身的意義上並加以努力。

　　我夢想著有那麼一天，你們能接續在我之後，讓數學這門學問發揚光大。

第 13 種習慣

保持經常解題的耐性

歐幾里得是希臘天文學家托勒密的幾何學老師。托勒密一直是很認真聽講的學生，可是有一天，托勒密卻無法專心聽課，發現到這點的歐幾里得便把托勒密叫去，並問他不專心的原因。

「老師，沒有能夠更快速學習幾何學的捷徑嗎？」

歐幾里得聽了以後受到衝擊，他沒想到任誰來看都認為比所有人還用功的托勒密，居然也會有想要抄捷徑的想法，所以他向托勒密說道：

「托勒密，幾何學裡沒有捷徑，唯有持續努力學習所獲得的結果才是真正的幾何學。學習的正道是那些只想找尋捷徑者一輩子都無法得到的途徑，但只要投入時間並不斷努力，學習的正道就會主動為你開啟。」

傾聽他人的意見
德摩根

1806 ~ 1871

　　我是整合集合演算理論的德摩根，人們都稱我是明快的解說家或毒舌家。

　　你們知道什麼是數理上的集合嗎？所謂的集合，就是在被賦予的條件下，將對象歸類成各種形態的整體。在集合演算法則中，有一項法則為德摩根定律，這個定律使用於集合論與邏輯學。A集合和B集合的聯集，其補集等同於A與B補集的交集。

　　要我再說得更簡單一點嗎？

　　你們班上應該有喜歡籃球和喜歡棒球的同學吧？除此之外，應該也有既討厭籃球，也討厭棒球的同學，所

以那些兩者都討厭的同學，就是從討厭籃球的同學中，再挑出討厭棒球者所得到的結果！這就是所謂的德摩根定律。

我出生時，就有一隻眼睛失明，父母知道這件事的時候，受到相當大的衝擊。

「老婆，這一定是老天爺要給我們的試煉。不是有句話說天將降大任於斯人也，必先苦其心志，勞其筋骨嗎？我們就把這當作是老天爺的旨意吧！」

母親一直認為是自己的過錯，才會讓我身體有所殘缺，所以總是感到自責並對我懷有歉意，而父親只能不斷地安慰她。

你們知道有一隻眼睛失明是怎樣的感覺嗎？雖然和雙眼失明比起來，已經算是很幸運的事，但儘管如此，我的視線所及之處，不管何時看起來都陰陰暗暗的，而且和其他人相比，我的視線範圍較狹小，而且因為只能用單眼看東西，眼睛也很容易疲勞不適，所以我向來都討厭讀書。

「這點程度的試煉並不算什麼，你要知道，你未來是要做大事的人，所以現在要先提早受苦與鍛鍊。」

德摩根　　AUB

父親一直沒有放棄不想讀書、自暴自棄的我，總是在旁給予鼓勵，久而久之，我也開始認為單眼失明並不會對人生造成阻礙。

　　「這麼想就對了。往後你有可能遭遇到更辛苦的事情，所以現在千萬不要為了這點小事就半途而廢。」

　　從那時起，已經定下心來的我，開始接受正式教育。雖然剛開始的時候，光是閱讀就讓我相當吃力，但我並沒有放棄，反而更加努力，結果我的閱讀時間漸漸地變長，同時也了解讀書的樂趣。

　　長久努力下來的結果，讓我在劍橋大學三一學院，以數學考試第四名的成績畢業，之後並成為倫敦大學的教授，發表了無數的論文。

　　「德摩根是位明快的解說家，他的書既有趣又充分展現出他的才華。」

　　某個評論家在閱讀過我所寫的數學書籍以後，表示書裡的內容深入淺出，能夠幫助讀者輕鬆理解數學，同時又不失閱讀的樂趣。

　　我想我之所以能寫出這麼淺白的文章，大概是因為小時候我沒有朋友，經常都是獨自閱讀，曾花費不少心

142．143

力讓學習變得更加簡單又有趣，有了這樣的經驗，讓我掌握說明的技巧。

「啊，好煩呀，就沒什麼特別又有趣的東西嗎？」

開始正式學習數學之後，我就從代數學的基礎開始學習，然後再依次學習微分學、邏輯學、機率學等，只不過從小就習慣獨自讀書的我，老覺得這樣學習還缺少一些特別又有趣的東西。

雖然微分學和機率學都很有趣，不過這些都是我一直以來就在學習的科目，所以這倒是讓我興起了想學習新知識的慾望。因此從那時起，我開始到圖書館尋找更多樣的論文資料與研究報告，並一個一個努力鑽研。

那天我一如往常，正在堆積如山的論文資料中翻找時，突然有一份論文吸引了我的目光。

「咦？這是什麼？集合？」

偶然間吸引我目光的這份論文，正是喬治·布爾所發表關於集合的論文。那時我還不知道關於集合的知識，所以一拿到這份論文就開始進行研究，而這也成了我人生的轉捩點。

德摩根　AUB

人們總是問我這個問題：

「一隻眼睛看不見，很不方便吧？」

每當有人這麼問我，我總是會看著對方，並坦然地回答：

「這個嘛，其他人已經習慣一開始就是用雙眼來看事物，所以才會覺得我只有一隻眼睛看得到會很不方便，但我打從一開始就是用一隻眼睛去看這世界，所以我反而覺得用雙眼看才辛苦呢！」

很多人以為我因為只有一隻眼睛可以看得到，所以一定很怕和人見面，但其實不是這樣的，不管有什麼聚會或學會活動，我必定場場出席，許多人反而覺得這樣很奇怪。

有一次我出席學會活動，遇到這麼嘲諷我的人。

「德摩根老師這麼賣力出席活動，看來是把重要的研究都擺在後頭了？」

我想人們應該是很不喜歡看到我出席各種學術會議或是聚會，以前甚至還有人勸告我，說數學家就該好好埋首學術研究之中，用心與人來往交流反而有害無益。

可是我並不這麼想，所以我這麼回覆對方：

「不是應該共享學習的成果嗎？如果太執著於自己的想法，那麼就聽不進別人的意見了，結果一切也只會流於自我滿足而已。多多聽取意見，學習他人的優點並改善自己的缺點，才能幫助我們成長與發展，不是嗎？所以我喜歡多聽聽別人的意見。」

　　我講得如此大方，結果對方卻反駁，認為我是被別人的意見所擺弄，這才是不對的行為。對此，我是這麼說的：

　　「容易被別人意見所迷惑，那是因為他對自己的理論沒有信心，那種人很快就會聽信別人說的話，並放棄自己的想法。可是如果是對自己研究成果有信心的人，那麼就會謙虛承認自己的錯誤，並加以反思改善，使自己的研究成果更進一步。這難道不是正確的作為嗎？」

　　我的這番話讓會場的氣氛都變得嚴肅起來，但我並不在意，繼續說下去。

　　「我的研究成果並非十全十美，而是還有進步的空間，所以我想要與其他人交流，好找出自己的錯誤或一些仍無法確認的部分，並加以改善。我希望我的研究能再更進一步，好讓之後的其他學者們能獲得更快的發

展，所以我並不是全盤接受所有人的意見，而是在經過判斷之後，吸收別人的想法來改進那些無法確認的地方，這樣才能對研究有所幫助，不是嗎？」

「哼，話是這樣說沒錯。」

他咳了一聲，無法反駁我的話。

「如果您對我的理論或書裡有任何疑問的話，請您告訴我，不管是什麼意見，就算是與我的理論有所衝突，我也一定會好好聽您說。」

我笑著結束這段對話。

仔細想想，發現我的人生好像就是始於數學、終於數學。

我從未覺得自己出生就單眼失明是件丟臉的事，我反而認為能用雙耳去聆聽他人的意見，還有能看見東西的這隻眼睛，反而幫我專注在一件事情上，所以我不覺得這樣的我站在眾人面前，以及與人交流是可恥的事。

不管是怎樣的人，都一定會遇到苦難和考驗，所以我絕不認為這些苦難會阻撓我們的所有出路，相反地，我相信這些苦難正是迎向更廣闊天空的必經之路。

德摩根　AUB

人生在世，雖然有許多人經歷過百般試煉，但真正通過考驗的人卻不多。

　　我相信我不因為只有一隻眼睛能看而感到羞恥，並能夠大大方方站在眾人面前的原因，一定是因為我從小就接受了許多試煉的緣故。

　　在你們成長的途中，一定也會發生痛苦的事情，哪怕不是像我這種生理上的苦痛，在學習的過程不免也必須接受各種考驗。但我並不擔心，因為你們的心智一定比我還要堅強。

　　你們擁有比我還要睿智，且能夠克服各種苦難的力量，所以請你們千萬不要膽怯，只要相信隱藏在你體內的無限潛力。你們的潛力將會轉換成另一股原動力，成長為比我還要傑出的數學家。

148．149

第 14 種習慣

貧窮並不會成為障礙

英國知名數學家喬治・布爾從很小的時候就得擔起家中生計。

好不容易才小學畢業的布爾，認為唯有累積知識才能脫離貧窮之苦，所以他刻苦向上，努力獨學。

之後，他成了小學的助教，一肩扛起養家的責任，並在任職學校裡初次接觸到數學。一頭栽入數學世界的布爾，在閱讀了當時知名數學家們的論文之後，醒悟到自己該走的是什麼樣的道路。

他所主張的「布爾代數」使用於數學與工學的領域中，如開關電路就是運用布爾代數下的成果。除此之外，布爾的其他理論也廣泛運用在多樣領域之中。

數學的世界遠比我們想像的寬廣

施瓦茨

1843 ~ 1921

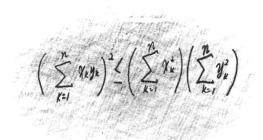

$$\left(\sum_{k=1}^{n} x_k y_k\right)^2 \leq \left(\sum_{k=1}^{n} x_k^2\right)\left(\sum_{k=1}^{n} y_k^2\right)$$

　　你知道不等式嗎?簡單來說，不等式就是用不等號標示兩個數值或兩個公式的大小。

　　而制定不等式的人就是我，施瓦茨。

　　雖然我終其一生都在研究數學，但其實我最初喜歡的是化學，而數學只是我拿來證明化學公式的一種工具而已。

　　至於讓我轉換跑道，改為研究數學的原因則源自於大學時期。當初就讀柏林工業學院的我，為了將公式套用在化學上，所以特地學了好幾種數學公式，結果這麼一學，卻覺得數學真是越學越有趣。

有一天，當我上完數學課並走出教室時，被數學教授給叫住。當時擔任數學教授的魏爾斯特拉斯教授是享譽數學界的知名教授。

　　「施瓦茨，來我的辦公室一下。」

　　「好的，我知道了。」

　　教授要我去他辦公室，讓我有點吃驚，但我還是乖乖地前往教授的辦公室。我怎樣也想不通為什麼教授要見我，心裡緊張得七上八下，踏入教授的辦公室。

　　「打擾了。」

　　教授一臉沉重的表情盯著我的試卷瞧，讓我更加緊張了起來。

　　「你就是化學系的施瓦茨？」

　　「是的。」

　　「你想不想轉系？」

　　「啊？轉系？」

　　「沒錯。我看了這次的考試成績，我發現你理解數學的能力相當優秀，你想不想就此開始學習數學呢？」

　　雖然我覺得數學很有趣，但卻從未想過要將數學當作主要的學習科目，所以一開始無法輕易接受教授的這

施瓦茨

個提議。

教授見我一臉猶豫，便要我仔細思考後再回覆他。

老實說，我對教授的提議感到困惑。他希望我轉系，那麼我一直以來所專攻的化學該怎麼辦呢？而且我一直認為化學是我將來要走的路呀！

「可是我真的喜歡化學嗎？」

收到教授的轉系建議以後，我一直反覆在腦海裡思考這個問題。

「我是喜歡化學的，可是喜歡歸喜歡，我心中總覺得好像少了些什麼。我這樣努力學習化學，那麼成為一名化學家之後，我想做的事情究竟又是什麼呢？」

當我思考到這個問題時，我才終於了解到，原來我早已經深陷數學的魅力之中。

「我真正想學習的是什麼？數學？還是化學？」

苦惱了一星期之後，我再次到辦公室與教授會面。

「你已經做好決定了嗎？」

教授一看到我，就立刻問我決定的結果。

「教授，其實我還不是很確定。但我喜歡學習數學，也覺得數學很有趣，以後也想繼續學習。我想，我

願意轉系來學習數學。」

聽完我的回答，教授的嘴角揚起微笑，緊緊握住我的手：

「你這個決定很好。」

看到教授真心感到高興的模樣，我下定決心，一定要好好學習數學。

「我會努力的。請您帶領我，幫助我成為一個真正的數學家，拜託您了！」

之後，我便轉系成為數學系的學生。數學的世界遠比我想像中寬廣，而我也樂在其中，我認為我選擇轉系是個正確的選擇。

自從在西元1864年於柏林工業學院取得博士學位以後，之後到哈雷大學教授數學。

但是我並不滿足於擔任教授一職，我心裡只想鑽研更高深的數學，並成為一位數學家，讓數學獲得更進一步的發展。

在眾多數學理論中，我尤其關注之前為了運用在化學式上所學習的方程式，因此費了不少心力來制定更獨特、更多樣化方式才能解開的方程式，最終制定出「施

施瓦茨

瓦茨方程式」。

　　我之所以能夠專心研究數學，都是託我太太的福，因為她是知名數學家庫默爾的女兒，很清楚數學家之路有多麼辛苦。

　　數學家這職業既不能賺大錢，又要一整天關在研究室裡進行研究，一輩子幾乎都得這樣子度過。

　　可是我的太太卻能理解身為數學家的我，獨力照顧小孩、做家事，讓我能專心工作，毫無後顧之憂，是我的一大支柱。

　　每當我看著太太，我就會這麼想：

　　「太太都這麼全力支援我了，我可不能原地踏步，也不能偷懶怠惰，我一定要回報她對我無條件的信任！」

　　所以，只要研究途中一有不順遂，我就會更堅定決心，並更加努力找出解決之道。

　　除了數學以外，原本就對許多領域都很有興趣的我，在擔任數學教授以後，也開始關心起生活周遭發生的事。

這世上需要人手幫忙的事情不少，其中之一就是自己居住的區域需要有人自發性地定期巡邏。差不多就在那時，我所住的村子疑似被人縱火，發生了好幾次造成損傷的事件，由於犯人一直遲遲未被逮捕，許多人入夜都擔心地無法安眠。

　　「要是在我睡著的時候，家裡被人放火了怎麼辦？要是我連逃都逃不出去，就這麼死於火海該怎麼辦？」

　　居民陷入恐慌中，徹夜不敢入眠，隔天工作也因此大受影響。

　　「我們村子要不要組個巡守隊？」

　　我向村民們提出了這個建議。

　　「只要決定好輪流巡邏的順序，並派人在村子進行巡邏就可以了，這樣其他人就能安心睡覺，還可以防止有人故意縱火。不只如此，就連其他犯罪行為也能一併取締，不知道大家覺得如何？」

　　「這個方法聽起來還不錯。」

　　「這麼一來，除了值班巡邏的那天以外，其他日子就可以好好睡覺了。」

　　村民們很快就同意了我的意見，而且在我們組織了

施瓦茨

巡守隊以後，村子就再度回到往日般的和平時光。

另外，我也曾協助關火車門而幫上站長的忙，在大家的眼裡，大概會認為這位數學家包山包海什麼都做了，不過這些小事對我來說可是大大的幸福。

我所制定的施瓦茨不等式和微積分學被廣泛運用在不同領域，但不表示這就代表了數學所有的可能性。要知道，以後還會有無數人能夠達成更高的成就，超越我制定的公式或我在數學界的成績。

所有事情的開端都是從懷抱著興趣並感受到樂趣所開始的，所以如果你們對數學很有興趣的話，就把數學當作是一種遊戲，去享受解題的樂趣，當題型越來越難，你們也會得到更大的樂趣。我希望你們也能像我一樣，享受數學並從中感到幸福。

數學家之路並沒有捷徑，唯有努力才能走向康莊大道。如果你們把數學單純視為課業，那麼很快就會覺得枯燥又無趣，所以只要能享受解題的過程，日後必能成為比我還要偉大的數學家。

我只要閉上雙眼，彷彿已經能看到你們成為偉大數

施瓦茨

學家的模樣，看著你們，我會忍不住開心地微笑，高興
著原來你們已經成長成我想像中的樣子。

　　就算我們無法直接相會，但我期待著能在數學史上
的其中一個篇章與你們相遇。

第 15 種習慣

享受學問的樂趣

在整數論、幾何學與機率論都留下高度成就的法
國數學家費馬,對於在數學界建立名聲絲毫不關
心,唯有獲得知識才是他最大的滿足。

對費馬來說,數學只是他的興趣而已。

一般我們提到費馬時,率先浮出腦海的就是「費馬
最後定理」,這個理論當初有如塗鴉般地出現在費
馬讀過的書頁空白處,講述的是「當 n 是比 2 大的
自然數時,滿足方程式 $Xn + Yn = Zn$ 量之整數 X、
Y、Z 並不存在」的假設。

可是他僅表明「我已找到一個精妙的證明,但頁邊
沒有足夠的空位,所以我要省略掉證明的過程」,
就這樣過了 300 多年,才由英國數學家懷爾斯解開
這道謎題。

運用各種方法解決難題
艾森斯坦

1823 ~ 1852

　　數學與科學的關係向來密不可分，有時數學家會制定科學法則，而科學家也可能會制定數學定律。事實上，在攻讀數學者之中，能夠準確區分出哪個範圍屬於數學、哪個範圍屬於科學的人並不多。

　　那麼，為什麼數學和科學卻又會分成兩門不同的學問呢？

　　那是因為數學是假想的世界。雖然科學研究的多是運動力量、星星與月球間距離等實際存在的事物，但數學卻是以數字來標示不存在物體的學問，例如金錢的價值、時間，或以各種不同數字的排列組合來制定公式。

事實上，我研究數學的時間遠比其他數學家們還要來得短，不過在我二十九年的人生當中，曾制定出整數論、不變式論、多元函數論、艾森斯坦相反法則、艾森斯坦級數、艾森斯坦定理等。沒錯，上述學術研究全都出自我，艾森斯坦之手。

我出生於柏林，不過家裡沒有任何一個人為我的誕生感到開心。

「要養這個孩子的話，又要花一大筆錢了。」

我們家的家境貧窮，以至於我一出生，父母就開始擔心起未來的養育費用。

受困窘的經濟狀況所苦，父親臉上的皺紋也一天天加深。

「你今天也要待在家嗎？」

雖然我已經到了該上學的年紀，但由於家裡窮苦，所以我無法去上學，看著朋友們上下學的樣子，我心裡好生羨慕。可是，家境如此，我沒有辦法要求父母讓我上學。

因此，我會和朋友們借書自學，其中最讓我覺得有

艾森斯坦

趣的科目就是數學。

「這樣計算就能算出答案？哇，這太神奇了！」

每次解題時，只要知道數學式和解題方法，就能求出答案，而從某個數字變換成另一個數字的過程，總讓我覺得相當不可思議。

就這樣，白天我幫父親做事，到了晚上則是練習解數學題。

某一天，父親把我叫去。

「現在開始，你就去學校上課吧。」

「咦？我可以去上學嗎？」

我開心地緊緊擁抱父親。從那時開始，我再也不用羨慕那些正常上下學的朋友，而且也不用再煩惱不懂數學式，只能熬夜苦讀了。

開始上學以後，我的數學才能開始顯露頭角。

「這次的考試，數學第一名是艾森斯坦。」

數學是我很喜歡的科目，我總是在這門科目拿下第一名。

我對數學的愛，在那之後也一直持續下去，而且不管在國中或高中時期，也沒有同學的數學才華能和我匹

敵。還記得那時，我剛學會數學式，只是按照一般方式來進行解題，但後來也開始懂得運用其他的方法。

就讀國中與高中時期，由於學校開放圖書館讓學生自習，我經常待在圖書館練習數學解題，每次都待到很晚才走。

「你還滿用功的嘛！」

就讀高中時，某一天晚上我一如往常待在圖書館練習數學，突然有人跑來和我說話，我嚇了一跳，抬起頭來看是誰在對我說話。

「老師！」

站在我眼前的不是別人，正是我的數學老師。

「來，可以給我看看你正在寫的題目嗎？」

「啊，可是……」

我有點躊躇，老師卻表示算錯也沒關係，要我給他看看手邊正在解答的題目。

「這是我用我自己的計算方式來解答的，不到能夠給您看的程度。」

其實在我嘗試用好幾種方式代入題型，並求出答案後，我就不再用老師所教導的方式來進行解題了，我很

艾森斯坦

怕老師看了我的解題方式以後會勃然大怒。

　　老師看著我的筆記本好一陣子，臉色一直很嚴肅，我也覺得眼前開始一片黑暗。

　　「艾森斯坦！」

　　「是？」

　　老師猛地抓起我的手，我大吃一驚，眼睛眨呀眨地抬頭望向老師，沒想到卻看到老師閃閃發亮的眼神。

　　「你以後會上大學繼續攻讀數學吧？」

　　「啊？大學？」

　　家貧如洗的我，哪敢夢想上大學？聽到老師講出大學這兩個字，我瞬間愣住，腦子一片空白。

　　「以後等你上了大學，一定要繼續攻讀數學。我相信艾森斯坦你一定可以成為偉大的數學家。」

　　老師講得興奮，然而我卻一點也開心不起來。

　　「可是我沒辦法上大學。」

　　「啊？為什麼？」

　　「我們家沒那個錢讓我上大學，等我高中畢業以後，就得去工作賺錢養家了。老師，謝謝您的鼓勵。」

　　雖然我沒錢上大學，但聽到老師對我的肯定，我心

艾森斯坦

裡十分開心。

「我相信艾森斯坦你一定能上柏林大學的呢……」

老師露出惋惜的表情。接著，老師沉思了一下，然後這樣告訴我：

「普魯士王室有提供獎學金，讓具備才能但卻無法繼續學習的學生能順利求學，我可以向普魯士王室財團推薦你入學。」

「推薦我嗎？」

一個月後，老師把我找去。

我一走入教務室，就看見兩位西裝筆挺的男士坐在老師身旁。

「你就是艾森斯坦嗎？」

「是的，我是。」

我答覆並和他們握手致意，他們對我說：

「我們來自普魯士王室財團，已經看過你的數學與學業成績單。我們十分肯定你的數學才能，並打算提供你大學的獎學金。」

「真、真的嗎？謝謝！」

聽到這意想不到的好消息，我覺得這一切彷彿就像

是在作夢。

　　進入大學就讀以後，我正式開始攻讀數學，並且在二十歲那年於A. L. 克雷爾所主導的數學雜誌中發表了數篇論文，得到許多知名數學家的認可。

　　「艾森斯坦是神賜與我們的數學天才，他可以說是當代僅次於阿基米德與牛頓的偉大數學家。」

　　我的老師，高斯先生是這麼誇獎我的。

　　雖然我的家境窮苦，沒辦法供我讀書，但我終究成為數學家並獲得成功，你們知道理由是什麼嗎？

　　我不認為我是幸運兒，打從一開始上學到後來進入大學就讀，全都跟好運摸不著邊，我只是以攻讀數學為目標，並努力去達成才能夠一路持續學習下去。

　　這世上所有事情都是公平的，機會之門隨時都會為那些有目標且肯努力的人而敞開。以我為例，我之所以能像小時候打動父母，並得以上學讀書一樣打動普魯士王室財團，獲得他們的支援，就是因為我始終專心致志於攻讀數學這個目標。

　　你們也有自己的目標嗎？我希望你們能以想要學習數學的慾望、熱愛數學的心來訂立你們的學習目標。

艾森斯坦

就像我走過的這段人生歷程一樣，我相信你們對於學習的熱誠與立下的目標，一定可以帶領你們成為傑出的數學家。

第 16 種習慣

勿在偏見之前躊躇猶疑

希帕提婭是西元 4 世紀末時的第一位女性數學家。
曾學習過許多種學問的希帕提婭，擁有非凡的數學才
能，其才能甚至凌駕她那身為知名數學家的父親之上，
不只如此，她還以絕世美貌及傑出的演講實力而聞名。
據傳，在拉斐爾的名畫〈雅典學院〉中，能看到希帕
提婭的模樣，後世咸信拉斐爾最初描繪〈雅典學院〉
這幅畫時，畫中所繪女子就是希帕提婭。不過有某位
主教在見到畫中的女子人像之後，便以宗教為由，強
行將畫中女子給抹消掉了，這不只是因為出自對於女
性的偏見，同時也是因為不接受希帕提婭思想的緣故。
據說，對於希帕提婭被強行自畫作中抹消感到相當遺
憾的拉斐爾，在畫作左側下方另外畫了一個回過頭的
人物，將希帕提婭的容貌隱藏在該人物中。

計算出朝鮮緯度的第一人
李純之

1406 ~ 1465

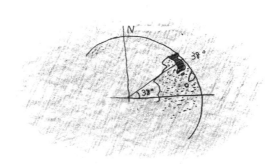

　　我是對朝鮮科學發展有重大貢獻的數學家，李純之。身為參議的父親教導我，不管何時都要以清淨的心性處事：

　　「當管理階層腐敗時，百姓就會挨餓受苦，並因此背棄國家，這樣國家就絕對無法長久存續。」

　　當時的天文學家或數學家多為中人階層，比屬於兩班階層的我還要低一階。

　　但父親從小就教導我要尊重所有人，因此我從未對那些學者們展現傲慢的姿態，或擺弄無謂的自尊心；對我來說，和他們交談就是單純的與學者對話，並一視同

仁的尊重。大概就是這個緣故，人們總是願意傾聽我的意見，並和我一起合作，得以創造出新的技術。

當時的我正在鑽研數學，認為數學必須成為發展天文學的基礎，所以經常和天文學家交流與溝通：

「今年雨下得特別多，許多田埂因此毀損導致農田泡水，歉收狀況嚴重，百姓們正面臨飢餓的困境。」

「這可真是糟糕，難道我們沒有能更準確測量的天文台嗎？」

多虧聖上愛民之心深切，學者們只要一聚在一起，就會自然提及百姓生活大小事。

在那當時，我們最關切的就是天文台的觀測準確度。數學家們和天文學家們共同討論出來的結果，就是必須建造一個準確的天文觀測台，於是我們將意見匯整後，呈報給聖上：

「如果要得到準確的天文觀測結果，就得建立一個天文觀測台。我們目前研究中的簡儀台高度為8公尺，將可比現在使用中的觀測台測得更精準結果。」

「是嗎？那麼大型的簡儀台要建在哪裡比較好？」

「宮闕中的景福宮慶會樓荷花池北邊是最好的觀測

李純之

地點。」

其實在那個時候，在宮闕裡建造天文觀測台可說是件荒唐無比的事情，其他朝臣們也紛紛表示反對。

但是聖上思考過後，爽快地同意我們的建議。

「那就照你說的去做吧！」

「聖恩浩蕩，殿下！」

雖然朝臣一如預想中地群起反對，但在聖上的助力之下，我們在宮闕裡建立了觀測台，並得以預測降雨量，以及根據不同的降水量來訂定事前對策。

我所做的眾多事情之中，最有意義的莫過於測量現今韓國首爾的緯度。

和我共事的夥伴們，應該是受了前人們的研究結果影響所致，皆認為地球並非平坦的模樣。

我們認為朝鮮是位在成圓球狀的地球上頭，同時也產生了朝鮮究竟是在地球哪個位置的疑惑。

「一定不是在中央，因為我們朝鮮四季分明！既然四個季節特色如此明確，那不就表示我們朝鮮位在圓球狀的地球表面某處嗎？」

172·173

於是我認真開始嘗試計算地球的緯度。

「你想要找出朝鮮的位置？你以為自從建立天文台之後，受到聖上的寵愛就可以這麼亂來了嗎？」

許多大臣都嘲笑我的想法，但那些和我一同負責天文台業務，並同樣研究數學的學者們可不同，他們不只肯定我的想法，並深信我一定能推算出朝鮮所在位置。

「我們相信你一定可以算出朝鮮的所在位置，只要有能幫忙的地方，我們一定義不容辭，請您儘管告訴我們。」

「謝謝你們的心意，多虧有你們的後援，我一定會更加努力。」

每當我失敗的時候，我就會想起伙伴們。同樣地，我也未曾忘卻聖上對我的信任，大家的鼓勵對我而言，是一股強大的助力。

經過數年之後，我終於計算出我國的緯度。

但是聖上卻不相信我所研究出來的結果。

「你說我國位於北緯38度上？你算出來的數學式太複雜了，我無法理解。雖然我也喜愛數學，但看不懂你的公式，根本沒辦法確認你算出來的是不是正確。」

就連我一直最信任的聖上都無法相信我計算出來的結果，讓我感到非常失望。

但我仍然努力去了解他們的反應，因為所謂的數學，是必須經過許多人的驗算並得到相同的答案，才算是獲得證明，然而現在我所計算出來的這個結果，除了我以外，卻沒有人能夠計算得出來。

雖然現在我的研究結果無法獲得認可，但我相信總有一天，一定能獲得大家肯定。

不久之後，從中國引進的天文書籍裡，發現內文記載了朝鮮的緯度為北緯38度。

我在天文學、科學與力學等領域所留下的成果中，最重要的就是為了改善百姓生活而促成標準化的測量方法。

我所制定的測量法是可以測量土地長度，以及測量豆子與大米重量的方法。在百姓生活之中，最為人所需的就是與人交易時，使用統一的重量及大小基準。

事實上，以前雖有「升」與「斗」的計量基準概念，但隨著量測碗的大小不同，得到的結果也會產生差

李純之

異，所以我認為必須要有統一的測量標準。

「要怎樣才能讓這些基準定為統一規格呢？」

首先，穀物由於重量單位各有不同，所以我認為比起將重量標準化而言，用體積來統一規格會比較好。

我認為如果定好準確的體積，並把可容納一定體積的容量單位設定成一升的話，這樣百姓們在進行買賣時，就可以做出精準的交易，而且當體積標準化以後，在收取稅金時，也能精算出正確數量。

由於當時各地所使用的體積單位都不同，連帶導致每個地方的「升」容量也有差異，所以在計算時常會發生問題。

四角形箱子是一個六面體，而從六面體拿掉其中一面後所成的箱子，作為測量用容器時，就稱為「升」。由於每一面的厚度或大小哪怕只有1公分的差異，也會造成體積有所不同，所以一定要格外細心去計算。只有計算出箱子的適當厚度與大小，才能製作出能夠準確測量「升」容量的箱子。

對此，我和學者們經過無數次的實驗之後，終於得到結果。

隨後，我就將經過規格標準化的「升」容量稟報給聖上。

「你果然很了不起。請你現在馬上將你們所訂定出來的一升容量告知全天下，讓百姓們以後能夠進行正確的交易買賣。」

獲得聖上的許可以後，我們終於能將一升容量的規格統一，並推行到全國。

雖然現代測量單位多使用公克，但一些長輩常使用的升或斗，就是出自於當時我們所訂定的容量測量單位，並流傳至今。

能夠制定人們每日使用到的體積與數量測量基準，是我最開心的事。

其實我國在數學上的表現，一點也不輸其他國家，但是當時我國欠缺與海外的交流，只能透過自力發展來取得進步。

我們所研究的物品容量測量法、體積測量法等，大部分已不再為現代人所使用，這點雖然可惜，但我仍為那群努力求得發展的學者們感到驕傲。

李純之

我認為，未來能將我國數學推向國際舞台的推手就是你們。

而且我也要像過去支援我的聖上和學者同事們一樣為你們加油，因為我知道你們一定擁有比我更傑出的數學才能。

第 17 種習慣

恭敬父母

李純之在母親逝世之後,曾想辭官守喪三年。

所謂的三年喪,就是在父母過世後,於父母墳墓附近結廬守喪三年,此為韓國的傳統風俗。

李純之自小體弱多病,父母卻一直沒有放棄,總是悉心照顧,孝順的李純之一直很感念父母的養育之恩,所以當母親過世後,心中也格外悲傷。

不過,身為當代優秀的天文觀測師,李純之很受世宗大王的寵愛,在辭官不到一年之時,又被聖上召喚回朝廷。在極度重視盡孝的那個時代,不管李純之未盡三年喪也要把他重新召回,可見世宗大王多麼重視國家所需的人才。

用數字表現不存在的東西
陳省身

1911 ~ 2004

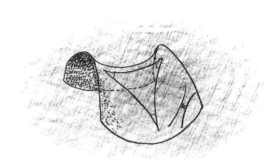

　　我是中國的數學家，陳省身。不過知道我的人並不多，甚至在中國本土，也有許多人不知道我是誰。

　　我從小就喜歡計算數字，所以也選擇了能夠攻讀數學的大學就讀。當我在學習數學時，很奇妙地，越學習則欲望就越強烈，除了解題成功時的喜悅會激勵我挑戰更難的題型，更重要的是，我透過學習所知道的數學家當中，竟然沒有一位是中國人，這深深地激發了我的挑戰意識。

　　「不管別人說什麼，我一定要在數學史上留名！要讓全世界的數學教科書上都出現中國人的名字！」

我最有興趣的是幾何學。幾何學是一門有趣的學問，同時也是能為人們帶來許多助益的學問。

　　幾何學裡有許多困難的地方。所謂的數學，不都一樣是用數字來標示出不存在的東西嗎？未成形的形體或模樣能夠以數字來進行計算，而運用數字呈現這些不存在的東西，就是數學家的要務。

　　我在學習幾何學的時候，一直很希望能藉此帶給人類更多幫助，然而幾何學有許多種類，究竟該挑選哪一項來進行鑽研，著實讓我苦惱不已。

　　所幸後來發生了某個事件，剛好解決我的這個煩惱。那就是研究微分幾何學的德國知名數學家布拉希開造訪北京。

　　微分幾何學是以微分法來進行計算的幾何學，微分法原本是專攻科學者所開發的計算法，其計算方式複雜，學習自然科學的高中生們也要學習該計算法。雖然微分幾何學是很難的數學公式，但卻成為比幾何學還要容易解題的一個計算途徑。

　　「如果想研究幾何學的話，去聽布拉希開的演講絕對會有幫助。剛好他要來北京進行演講，你就去聽聽看

陳省身

吧！這是邀請函，你收下吧，相信這是很好的機會。」

就讀於南開大學數學系的我，獲得系上教授的推薦，得以親赴布拉希開的演講會。

聽了布拉希開的演講之後，我認識了微分幾何學的領域並感受到其中的無限魅力。

「原來一直以來我所認知的幾何學，不過是我井底之蛙的淺見而已！看來我得深入學習微分幾何學了！」

我遲遲無法離開演講會場，止不住內心揚起的感動，下定決心攻讀微分幾何學。

最後我決定前往德國繼續進修，只是我的家人一致反對我到人生地不熟，而且語言也不通的異國學習。

在幾經說服並考取公費留學資格之後，才終於得以成行。隨後，我進入布拉希開教授任教的漢堡大學攻讀數學。

在德國的留學生涯並不如預想中順利，東方人與西方人的差異從身高到體格、眼睛、髮色等，可說是南轅北轍。在他們眼裡，我就好像一隻奇怪的動物，不僅個頭矮小，就連生活習慣也和他們天差地遠，所以同學們總是排擠、捉弄我。不只如此，德國的飲食也不合我的

胃口，思念母親手藝的我，每每以淚水和著三餐下肚。

如果我沒有成為數學家的堅定夢想，我想我早就放棄學業返回中國了。

「我不能在這裡停步不前，要是就這樣跑回中國，肯定會被眾人嘲笑是個做白日夢的笨蛋，而且這邊的學生也會恥笑我是意志薄弱的東方人。不要！我不喜歡這樣！我一定要完成我的夢想！」

每當我感到疲累，而且想家的時候，我就會告訴自己一定要堅持下去。我比誰都還要嚴格對待自己，也比誰都還要努力，同時也認為還有人遭受到比我更加艱辛的狀況。此外，我也認為人只要堅定意志，不管是什麼都能克服，因此更加埋首書海，努力學習。

我投入布拉希開教授門下，直接接受他的指導，更有系統地學習微分幾何學。

「你是我看過第一個如此認真學習的人呢！中國人都是這樣刻苦學習的嗎？」

布拉希開教授曾這麼問過我。

「有你這樣的學生，往後數學界一定能蓬勃發展。我相信你一定能將中國的數學水準帶領到與我們同等的

程度，不，應該能超越我們。」

「當然，這是我的目標。」

我向布拉希開教授誇下了海口。現在我仍會想起教授看著自信滿滿的我，嘴角揚起微笑的樣子。

四年過後，我終於從漢堡大學修得博士學位，布拉希開教授則繼續鼓勵我到巴黎進修。

「巴黎有幾位研究微分幾何學的人，分別是阿廷和嘉當，他們是專門研究數論的學者。我已經將我的一身功夫全都教給你了，現在該是去研究屬於你的數學的時候了。」

「屬於我的數學？」

「不要露出那麼擔心的表情，我相信你一定可以的！如何？要不要去巴黎繼續進修？」

我知道教授是發自內心希望我繼續進修，所以最後我決定聽從教授的建議。

於是，我離開德國，並啟程前往法國。

在巴黎進修的這段期間，我每兩週和嘉當先生見面一次，討論各種數理問題。我們會交換彼此的意見，並汲取各自所需的部分，互相幫助彼此的學術研究。雖然

陳省身

在巴黎生活時，需要適應的地方和在德國生活時不同，仍有各種問題必須克服，所幸我想鑽研數學的決心夠堅定，足以支撐我繼續下去。

我在巴黎的研究結束以後，終於能踏上歸途、返回中國。當我返回中國時，學界已評價我是在微分幾何學領域上，繼布拉希開教授之後又一傑出數學家。

回國之後，我進入北京清華大學執教，在任教期間，我一直持續進行關於代數拓樸、球面幾何學與外微分形式等各種更複雜數學領域的研究，更在研究期間成長為享譽國際的數學家。

之後，我就以一介數學家的身分展開我另一段的人生旅程。首先，我受邀加入普林斯頓高等研究院，並與安德烈‧韋伊一起驗證出高斯－博內定理，這也成了我在數學史上留下的一筆成就。

不過，我並沒有忘記我的祖國，雖然我旅居海外各國進行研究，也在當地的大學任教，但我心中一直都希望中國能產出比我還要優秀的數學家，而且我也努力培養後起之秀。

後來我的夢想實現了，在我所教導過的學生之中，有31名躍上國際舞台，得以展現中國的數學實力，這著實讓我感到開心又驕傲。

此外，我還受到美國國家數學研究所的肯定，分別於西元1975年得到美國國家科學獎章、西元1984年獲得沃爾夫數學獎。

我一直認為我能夠接觸數學、學習數學是個幸運，我甚至曾想過，如果我的人生中沒有數學，那麼究竟會留下什麼呢？數學對我來說，不僅意義重大，同時也是我人生中很重要的一部分。

我在接觸數學的同時，找到了人生的意義，而且也對我的存在感到無比自信。

「亞洲人精神的可貴之處，就在於一旦開始，就不輕言放棄，在目標達成之前的無比耐心就是讓我們亞洲壯大的力量。走著瞧，雖然現在亞洲的數學成就還比不上西方，但往後絕對會是亞洲以優秀的數學表現來帶領學界。」

這是我在開始上課之前，會和學生們說的一段話。進入學校來學習數學的學生，大部分都對數學充滿了熱

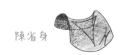

陳省身

情，而他們的熱情就寫在他們的臉上，一眼就能看出。

　　我認為你們將會站在發展的中心點，要知道你們所擁有的力量遠比你們想像中更加強大，請你們一定要相信這股沉睡中的亞洲力量，並努力不懈。

　　希望你們加油，我真心期待你們能承繼我的腳步，繼續往前邁進。

188·189

第 18 種習慣

面對難關，更要抬頭挺胸

柯瓦列夫斯卡婭是一位俄羅斯的數學家。

她在小時候就對數學展現出無比的熱情，甚至以微積分講義來當作房間牆壁的壁紙。

礙於性別的關係，柯瓦列夫斯卡婭無法就讀大學，不甘就此放棄的她，不惜以假結婚的方式，取得遠赴德國海德堡的機會。

於海德堡完成學業的柯瓦列夫斯卡婭，隨後雖移居柏林，但柏林大學一樣不收女學生，因此她直接找上了當時的知名數學家，請求給予個人指導，然而該數學家也以不收女學生為由拒絕。

雖然柯瓦列夫斯卡婭只因女性身分，而幾乎無法獲取學習數學的機會，但她仍奮力對抗這樣的不平等待遇，最終在微分方程式理論這塊領域中，留下莫大成就而聞名後世。

數學是個沒有盡頭的學問
高木貞治

1875 ~ 1960

我是率先開創類域論的高木貞治，出生於日本岐阜縣的一個小村落。

鄉下村子裡並沒有幾個接受過完整高等教育的人，大部分的村民都是繼承父母的工作，不是務農就是經營商店，因此無法感受到教育的必要性，而我的父母自然也是抱持著同樣的想法。

那麼，在這種環境下成長的我，又是怎麼開始接受教育的呢？那是因為我一直很喜歡算數的關係。

由於到小學為止屬義務教育，所以我順利就讀小學並在學校裡學到加減乘除，讓我感到相當神奇。

190·191

「老師，為什麼1加1等於2？」

我在第一次上算數課的時候，就向老師發問問題，而老師是這麼回答我的：

「因為1加1當然等於2呀！」

老師反而覺得我很奇怪，還說這是理所當然、每個人都知道的問題，可是我怎麼也無法理解這道理。

「那麼定下1加1等於2的人，沒有說明為什麼他會這樣訂定嗎？沒有解釋給大家聽嗎？」

「高木同學，你問這些問題是想要妨礙老師上課嗎？」

我一繼續發問，老師就生氣地質問我。

「高木同學，你到底打算要妨礙我到什麼時候？」

「不是，我沒有那個意思，我只是很好奇為什麼而已……」

「反正1加1就是等於2！你只要記起來就好了！」

「是……」

看著老師咆哮發火的樣子，我不禁畏縮了起來，膽怯地回應老師的警告。

「你再繼續開這種玩笑，我就不放過你了！」

高木真治 ?

「對、對不起。」

雖然我不懂老師為什麼會這麼生氣，但我感覺到不能再繼續發問，只好趕快跟老師道歉。

「要是知道錯，以後就不要再開這種玩笑了！」

老師大聲斥責我以後，就快步離開教室了。

這時我才終於鬆下因緊張而蜷縮起來的肩膀，目送著老師離去的背影。

放學回家的路上，我一直想著：

「到底為什麼1加1等於2呢？如果是按照某人定下的法則來決定答案的話，那麼也該有明確的理由呀！只是一直要我們記下來，這根本沒有意義嘛！可是只要問老師，老師就會發飆，那這樣我要問誰好呢？」

我想我對數學的求知慾大概就是從那時開始的吧。

「為什麼日本就沒有可以和西方匹敵的數學家呀？為什麼我們日本的數學無法獲得很好的發展呢？」

伴隨著心中的疑惑，我也燃起想成為數學家的慾望。雖然一開始這個疑惑只是出自我心中的好奇，但想到能在世界數學史中留下日本數學家之名，我不禁興起了成為數學家的念頭，希望能躋身其中。

高木貞治 ?

小學畢業之後，我下定決心要攻讀數學，所幸父母理解我的想法，並積極地給予我支援。

　　之後，我進入日本帝國大學，也就是現在的東京大學就讀。一介出身自鄉下小村落的青年居然能考進東京的大學，這在我們村子裡可是大事，我因此成了村子裡的有名人士。

　　進入大學就讀之後，我選修了兩位日本教授的課程，這兩位教授都曾在英國與德國攻讀過數學。

　　英國與德國是數學最為發展的國家，所以當時對攻讀數學的人來說，前往英國或德國留學可說是最大的夢想。不過，出國留學並不是那麼容易的事情，夢想終究只是夢想而已。

　　何況像我這種家境不好，還需要父母給予金援的窮學生，光是能跟著這兩位教授學習本土發展的數學，就已經夠讓我感到幸福。

　　在這裡，我詢問整數的法則是如何制定，教授必會加以說明，這可是以往在鄉下時，老師不會說明給我們聽的內容。

194.195

「我也好想在國外好好地學習數學啊！如果我也能去國外留學的話，那該有多好？」

就這樣，日子一天一天過去，直到畢業前幾天。

「等等，高木同學，我有些話要跟你說！」

我跟著教授一起走進他的辦公室。

「那個，你有沒有興趣去德國進修呢？」

「啊？德國？」

教授的提議讓我有些驚訝，我忍不住再次確認。

「政府有提供給優秀人才的公費留學獎學金，今年也有在遴選人才，你的成績很優秀，我打算推薦你參加甄選。」

聽到教授這麼說，我彷彿在作夢一般開心。可是，高興歸高興，我還是得考慮沒錢的這個現實問題。

「教授，很謝謝您，可是我沒辦法去留學，我們家沒這個錢可以供我去留學。」

教授在靜靜地聽完我的話之後，露出微笑這麼告訴我：

「你不用擔心錢的問題，在外國讀書的這段期間，所有學費和生活費都是由國家來支出，你唯一需要做的

高木貞治 ?

就是用功學習，為了日本的數學發展而努力。」

「是嗎？這是真的嗎？」

我簡直不敢相信教授說的話。

「還有什麼比這個機會更好的嗎？你不用擔心，只要認真學習就好了！」

那一瞬間，我內心充滿感動。

後來我前往德國柏林大學攻讀數學，接觸到了更廣大的數學世界，種種新體驗都讓我確實感受到日本數學必須更加進步。於是我下定決心，一定要盡我所能幫助日本的數學發展。

結束在德國的學業之後，我返回日本並完成類域論，成功在世界數學史上寫下一頁篇章。

人們都說我是帶領日本的數學提升到世界水準的數學英雄，但我並不這麼想，因為除了我以外，還有很多人以更傑出的數學理論闖出名號來。

這並不只是指在日本國內而已。

大家都知道，許多同在亞洲的國家，其數學水平也已日漸提升，難道我們能就此滿足而不思進取嗎？

如果你們想走的是尚未開墾過的道路，那麼就由你

們來開創。

就像我制定了類域論、像我為日本數學的發展盡一己之力一樣，這些成就都不是別人給我，而是自己努力而得來的，這不就是真正的學者所該走的路嗎？

我在成為數學家之前，也經歷過不少艱難。我首先遇到的第一個困境是出生於惡劣的教育環境，而就讀國、高中則是第二個難關，但儘管如此，我也從未放棄學習。

回顧我一路走來，讓我深深領悟到一件事，那就是只要努力朝向自己的目標，那麼不管是什麼事情，都一定會成功。

你們覺得數學家是做什麼事情的人呢？我是這樣想的：數學家就是努力不懈地進行研究的人。數學這門學問並沒有盡頭，也沒有人能夠掌握全貌，但就是因為它無限的可能性，所以才能不斷被開拓、不斷從中發掘出新的法則，可說是一塊仍有待我們挖掘的寶地。

現在我要把繼承前人成果，並帶領數學發展更進一步的任務交給你們。

高木貞治 ?

孩子們，請你們成為數學這塊領域的開拓者，並將世界數學的重心轉移到亞洲，**我期待你們能發揮所擁有的力量。**

第 19 種習慣

培養想像力

英國貴族出身的數學家約翰‧納皮爾，因為行為獨特，被很多人認為是奇怪的人。

有一天，納皮爾看到鄰居家的鴿子又飛來家裡，就跑去和鄰居說：

「那些鴿子又飛來把我們家的穀物都吃掉了，要是下次牠們又飛過來的話，我要把牠們都抓起來，關進鳥籠裡去。」

鄰居一副嗤之以鼻的模樣，還這麼放話：

「有本事你就抓抓看呀！」

鄰居認為納皮爾根本就沒辦法把那些鴿子都抓起來，但他千千萬萬沒想到，隔天納皮爾竟在自己家的院子裡，用麻袋把扭來扭去的鴿子們都裝了起來，鄰居見狀嚇了一大跳。

原來納皮爾用泡過酒的豆子當餌，並撒在草地上，吃了豆子的鴿子便產生酒醉反應，而無法振翅飛翔。

對數學家而言，最重要的就是專注力
戴德金

1831 ~ 1916

　　我是德國的數學家，戴德金，以統整有理數與無理數的概念而聞名。

　　「到底有理數和無理數該用怎樣的算式來說明呢？比起要人背誦，更應該要讓人看了就能理解才對呀！」

　　我在研究整數時，一直面臨瓶頸。

　　這是因為我在蘇黎世大學任教時，不管怎麼努力向學生說明，學生們就是搞不懂有理數和無理數的差別，搞得每次上課就是和學生大眼瞪小眼。等到下課時間一到走出教室，我就不停苦惱著到底該怎麼說明教學內容才好。

我很希望學生能更愉快地學習數學，但我認為要快樂地學習之前，首先就得讓學生理解數學的意義才行，因為數學並不是用來背誦，而是透過思考，並運用公式來解答的學問。

　　「有沒有什麼方法，能簡單說明有理數和無理數間的差別呢？」

　　有一天，當我正在苦苦思索時，我的某個學生拿了盤食物給我，並跟我說：

　　「老師，休息一下再繼續吧，您看起來很累。」

　　「我沒關係，我不餓，食物你拿走吧。」

　　雖然我很感謝學生的心意，但我實在沒胃口，所以拒絕了他。但他並沒有打消念頭，又繼續說道：

　　「就算如此，也是吃一點吧，最近您都沒吃什麼東西呢！」

　　我一不小心和學生擔心的眼神四目相對，這讓我實在無法再繼續拒絕他，所以決定簡單吃點水果。

　　「真拿你沒辦法，那麼我就吃一點吧！」

　　學生聽了之後，開心地切了半顆蘋果，然而就在我看到他將蘋果切半的那一瞬間，腦海裡突然閃過一個念

戴德金

頭，於是我忍不住對著學生大叫：

「等等！沒錯，就是這個！」

「啊？什麼？」

「就是這個，這就是我一直在找尋的答案！」

我從那被切半的蘋果中，看到了有理數與無理數，而且也想到可以簡單說明有理數與無理數概念的方法，那就是「戴德金切割」。

原本有理數和無理數都是在同一條數直線上，所以有理數的中間會有無理數，而無理數的中間也會有有理數的存在。

那麼，有理數與無理數是如何分置在這條數直線上的呢？要是無法正確了解這兩種數字的意義，就會很難進行解析。好巧不巧的，我的學生因為將蘋果切半，剛好導出可以說明有理數與無理數意義的方法。在那之後，我就帶了一條線到教室，並告訴學生：

「現在開始，我要跟你們簡單說明無理數及有理數的定義。」

一直覺得我的課程很無聊的學生們，這時眼睛為之一亮。

戴德金

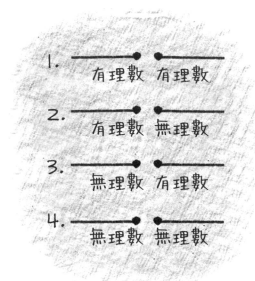

「現在，我們假設這條線就是數直線，當我們切斷這條線的時候，就會發生以下這四種狀況。」

我拿出準備好的線，並先假設這條線就是數直線，同時上頭有無理數和有理數的設定以後，便取出刀子從線的中央處切開。

「在這四種狀況中，第一種是線的兩端都是有理數、第二種是線的左端為有理數，右邊為無理數、第三種則是與第二種相反、第四種為兩個端頭都是無理數。

此時，會產生一個看似不可能的方法。那就是在第一種狀況下，有理數會出現在被切斷的線頭兩端，這是因為有理數之間存在無理數，但有理數並非連結起來的數字，所以沒有無理數的話，有理數是不可能出現在線頭兩端的。那麼剩下的其他狀況可能發生嗎？

就像你們所想的一樣，剩下的三種狀況都是絕對可

能發生的狀況。因為無理數是連結起來的數字,所以無理數也是可能出現在線頭兩端的。」

換句話說,當我看到蘋果剖面的時候,我把蘋果籽當作有理數,而沒有籽的部分則是無理數,所以切掉沒有籽的地方時,就有可能在兩端產生無理數,也有可能產生有籽和沒有籽的兩塊不同蘋果。

在我完全把這套理論成功傳達給所有學生之前,我不停地將線切斷,並用筆在上頭標示有理數與無理數來進行說明,最後學生們終於慢慢理解有理數與無理數的概念了。

「原來可以這麼簡單地說明其中的概念!這真是偉大的發現!」

除了學生以外,其他人也都很感嘆這「戴德金分割」的理論。

在那之後,為了能更加仔細說明「戴德金分割」,我開始巡迴全世界進行演講。

從開始學習微積分起,我就一直想要更深入地學習數學。

戴德金

我認為對數學家而言，最重要的就是專注力，除了能集中心神解題，也對尋找數學的意義有所助益。

　　那麼我們該如何培養專注力呢？不妨先從閱讀開始吧！哪怕是從文章較短的書本閱讀起也無所謂，你只需要記得一件事，那就是閱讀時必須專心，不能分心做別的事情，必須全神貫注在書本上。

　　接著，在解數學題目時，不管題型有多難，絕對不要放棄，請一直努力思考直到題目解開為止。一開始，你可能會花上許多時間進行閱讀或解題，也可能會覺得相當艱難。但是只要你習慣這個過程，自然而然就會產生培養出專注力，讓你在達成目標之前都能專心一志，而且你也會透過專注力了解數學真實的面貌。

　　我清楚我的「戴德金分割」其實是很單純、任何人都可能找得到的一個生活發現，而我也相信你們一定能夠找出更傑出的新發現。

　　對於懷抱著成為數學家夢想的你們來說，現在最重要的不是解題技術，而是你們對於數學的熱誠與意志。唯有熱誠才能培養你們的專注力。我期待你們能靠著自己的力量，為數學史寫下新的一頁。

第 20 種習慣

旅行是重要的資產

義大利的數學家費波那契，從小就遊遍埃及、敘利亞與希臘等國。

費波那契在旅行途中，習得了阿拉伯的算數與代數學，並在之後將這些知識傳進歐洲。

由費波那契直接研究出來的費波那契數列聞名於世，這項公式是一種像是 1、2、3、5、8、13、21……般，將前 2 個數字總和作為下一個數字的特殊數列方法。

舉例來說，「有一對兔子，這對兔子每個月可以生一對小兔，而小兔出生後兩個月可以生一對小兔，那麼如果現在有一對剛出生的小兔子，一年之後總共會有幾對兔子？」的這個問題，就是參考自埃及數學所研究出來的費波那契數列原型。

費波那契數列目前廣泛應用於計算生物成長，或是植物葉片長出的順序。